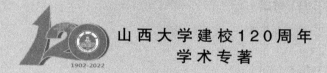

山西大学建校120周年
学术专著

水质功能及其达成

SHUIZHI GONGNENG JI QI DACHENG

刘海龙 赵华章 杨 迪 李焕峰 邱 文◎著

U0343986

中国环境出版集团·北京

图书在版编目（CIP）数据

水质功能及其达成 / 刘海龙等著 . —北京：中国
环境出版集团，2022.7

ISBN 978-7-5111-5128-5

Ⅰ.①水… Ⅱ.①刘… Ⅲ.①水质—研究 Ⅳ.
① X824

中国版本图书馆 CIP 数据核字（2022）第 066277 号

出 版 人	武德凯
责任编辑	刘梦晗
责任校对	薄军霞
封面设计	光大印艺

出版发行　中国环境出版集团
　　　　　（100062　北京市东城区广渠门内大街 16 号）
　　　　　网　　址：http://www.cesp.com.cn.
　　　　　电子邮箱：bjgl@cesp.com.cn.
　　　　　联系电话：010-67112765（编辑管理部）
　　　　　　　　　　010-67175507（第六分社）
　　　　　发行热线：010-67125803，010-67113405（传真）
印　　刷　北京中献拓方科技发展有限公司
经　　销　各地新华书店
版　　次　2022 年 7 月第 1 版
印　　次　2022 年 7 月第 1 次印刷
开　　本　787×1092　1/16
印　　张　12.25
字　　数　190 千字
定　　价　68.00 元

自　序 ————————————————————

　　环境问题是现阶段备受人们关注的话题。人类付出了艰苦的努力和巨大的代价，确实在一定程度上拓展了人类的认识空间和技术能力，然而自然世界如此神秘莫测，人们似乎了解得越多，问题也就越多。水质问题就是其中的一部分，引导或者激励着人们探索其中的奥秘。

　　水是生命的源泉，也是生命的载体。在人类寻找宇宙邻居的时候，最重要的生命线索和踪迹就是水。没有水就没有生命，这是人类心中根深蒂固的共识。任何天然的、人造的系统都因为有水参与而富有灵性。任何一种生命体都有自己的水系统。

　　有水的地方才有生命，有水的地方才有繁荣的经济。水的社会循环量与经济社会的繁荣、人类生活水平成正比，这种关系在国家和地区之间也明显地存在着。水及其相关用品、设备、设施的研发、生产和使用蕴含着文明和智慧，孕育着无限的机会。

　　究竟具备什么样水质的水，可以满足特定的功能需要？天然水、自来水、桶装水、瓶装水等成为人们饮用水的主要类型，其中隐含着各自的处理方式。究竟用什么样的处理方式，可以准确、快捷、经济地达成水质标准、满足用户的用水要求呢？这些因素又是怎样影响着水资源总量？怎样影响着工农业生产和人们的生活成本？怎样影响着社会发展？怎样影响着自然生态？这些问题构成水质、功能及其达成的最核心的内容。

　　水质、功能及其达成涉及的内容非常广泛，理解和掌握饮用水水质及其功能以及高效、可靠、经济的饮用水处理技术是全人类必需的生存基础。

　　很多人把水处理的可行性归结为处理能力，而我把水处理当成一种经济计算。经济学的很多原理、价格、生态环境影响都包含在水处理之中。

　　水资源短缺和水污染是一个被广泛认知的问题，这里所说的其实是一个经济问题，或者可以通过经济的手段加以化解。与普通的资源和商品一样，水资源同样面临着资源分布、资源利用、资源回收等问题，当然其中水质的变化造成的污染和功能下降的问题贯穿于水资源的利用和水污染控制的整个过程。

水处理技术不断发展，种类繁多，效能各异。不同的处理技术和工艺不仅意味着不同的水处理能力和处理效果，而且意味着差异明显的构建成本和运行成本。如何选择水处理技术及处理工艺，是每个水处理用户面临的选择。

本书就水质、水质功能、水质安全、控制机理及处理技术进行总体上的介绍和把握，并就水处理应用技术机理、应用现状、技术发展等问题，结合国内外水处理科学和技术最新进展进行介绍和分析。书中内容包括水质的构成因素、水质标准、水中的营养和污染、水质净化及改善方法。结合我们近期的研究成果，书中着重论述了水质的含义、水质与健康的关系、水质与功能的关系、传统水处理技术原理、现代水处理技术原理和进展、消毒和消毒副产物的关系，并对家庭简易水处理系统、经济适用的水处理技术等展开分析和讨论，谋求对水质安全及控制原理的一点探索和推进。

本书由山西大学刘海龙、北京大学赵华章（山西大学环境与资源学院院长）、太原市市容环境卫生科学研究所杨迪、山西省生态环境监测和应急保障中心（山西省生态环境科学研究院）李焕峰、山西省生态环境监测和应急保障中心（山西省生态环境科学研究院）邱文共同编著。

本书中涉及的相关研究和写作在"山西大学建校120周年学术专著系列"、山西省黄河实验室等资助下完成。

刘海龙

目 录

1 水与水质

生命起源于水，离不开水。水以其巨大威力影响着人类居住的这个星球上所有生物的命运。水、水中的杂质以及相关物理因子共同表达的复合性能构成水质，决定了水的功能。这里水的功能有些是人类赋予的，有些是自然界或者其他物种、环境维持一定状态所需要的。

1.1 水

水在自然界中分布广泛。可以说没有人不熟悉水，生命每时每刻都在以各种各样的方式与水打交道；但水又是神奇的，其根源就在于水质与其功能的关系，水的很多特性及其巨大影响至今未能得到充分的描述和解释。

水的许多物理化学性质（如沸点高、蒸发量大、热容高、反常膨胀、分子缔合等）在物质化学周期性规律中显得很特别。正是这些特性使水在自然界中发挥着重要的作用，支持着水的自然功能和社会功能。

水是人体最重要的基本成分之一。婴幼儿体内水分含量约占体重的80%，成年人体内水分含量约占体重的70%，老年人体内水分含量占体重的50%～60%。纵观人的一生，甚至可以说是丧失水分的过程，似乎失水是老化的主要表现之一。那么，什么方法可以更好地保有甚至恢复体内水分占比？这成为值得人们深入探讨的未解谜题。

水是生命体和物质世界进行物质交流的重要媒介，作为体液的主要成分负责运输营养物质、氧气、代谢产物；水提供代谢链中必要的H^+、OH^-等离子，形成适宜的pH环境。食物的消化吸收、营养的输送、血液的循环、废物的排泄、体温的调节等生理活动都离不开水。

人们通常接触的水中总是含有多种多样的杂质，而水质就是水和其中杂质共同性质的表现。水质决定了水的功能和作用。

1.2 水与水质

1.2.1 水中的杂质

1.2.1.1 水其实不只是水——水的强分散性

水具有强大的分散能力，能形成多种溶液体系、溶胶体系和悬浊液、乳浊液等。从某种程度上可以说水具有与绝大多数物质形成分散体系的能力，在自然界的物质循环和能量流动中发挥着举足轻重的作用，为相关生命体系提供了丰富的物质基础和利用、转化这些物质的可能。但与此同时，如果水中的某些杂质含量达到一定程度（被污染），也可能对其中或相关的生物甚至整个生态系统构成危害。

一种或几种物质分散在另一种物质中所构成的系统称为分散系统，被分散的物质称为分散相，起分散作用的物质被称为分散介质或分散剂。自然界的物质都是由各种分散系统组成的。分散系统可分为均相分散系统和非均相分散系统。均相分散系统是两种或多种物质之间以分子形态分散或混合形成的，分散相及分散介质之间无相界面存在的热力学稳定的系统。溶液就是均相分散系统。非均相分散系统是物质以微相形态分散在分散介质中所形成的，存在相界面的多相系统，如胶体、悬浊液、乳浊液等。水是良好的分散剂，与多种物质混合时既可以形成溶液，也可以形成胶体或悬浊液、乳浊液。自然界中纯净的水是不存在的，绝大多数的物质可以某种分散形态存在于水中。

1.2.1.2 水具有高介电常数以及强大的水化能力等，因而通常具有很强的溶解能力

物质以分子或离子的形式均匀分散到另一种液体物质中的过程，叫作物质的溶解。溶解是一种物理化学过程，包括物理的机械扩散和化学的溶剂化。溶解能力的大小，一方面取决于物质的本性、溶质的特性和溶剂特性；另一方面与外界条件

（如温度、压强等）有关。水是溶解能力很强的物质，尤其能溶解离子型化合物。水的溶解能力是由其高介电常数和极性以及具有氢键等特性决定的，归根结底源于水分子的特殊结构。

1.2.1.3　离子晶体的溶解

位于晶体表面的物质离子同时受到带相反电荷的物质离子和水分子的作用。水分子和溶质晶体表面的离子发生强烈的相互作用。当此种作用强度超过晶体内部离子间的内聚力时，离子就脱离晶体位置并形成水合离子，进入溶液并扩散到水中浓度较低的地方。次外层离子就显露出来，继续上述水合过程，总体上形成物质的溶解。

晶体的溶解和结晶被认为是一个动态平衡的过程。也就是说，溶解是溶质分子进入溶剂的过程，有一定的速率；同时，部分溶质离子或者分子重新结晶回到未溶晶体结构表面，也有一定的速率，且这个速率会随着溶液浓度的增大而增大。当溶解速率与结晶速率相一致时，总体上来看，溶质晶体就不再溶解，也不再结晶，达到溶解—结晶平衡状态。但溶解和结晶的过程就溶质离子或分子而言仍在进行中。这里所说的速率是指单位时间内溶解或沉淀结晶的离子或分子数。这种溶解—沉淀/结晶的动态平衡只是在单位时间内溶解或沉淀结晶的离子或分子数相等。具体的某种晶体在一定条件下，单位时间内溶解或沉淀结晶的离子数究竟是多少，属于该物质的基本特征。这些特征虽然在化学反应中有所涉及，但其作用和控制等仍属待深入研究的领域。

通常人们用介质的相对介电常数表征在介质中两电荷之间相互作用相对于在真空中作用强度的减少程度。在溶解过程中，晶体表面上溶剂减少，两个符号相反的电荷之间相互吸引能量的大小取决于溶剂的相对介电常数。溶剂相对介电常数越高，晶体表面正负离子相互吸引的能量越小。而溶剂和晶体离子之间相互吸引的能量不变。这样，介电常数大的溶剂在溶解—结晶过程中，导致溶质进入溶剂的力仍然维持，结晶回到晶体中所需要的作用力小，所以介电常数高的溶剂对晶体物质的溶解度高。

不仅如此，水作为分散介质还能形成多种溶胶体系［如墨水、$Fe(OH)_3$等胶体］和悬浊液（如泥沙、泥浆、微生物等）、乳浊液等。在这个层面，可以说水存在与绝大多数的物质形成分散体系的能力，也就是说绝大多数的物质都可能以某种方式分散在水中成为水中的杂质。因此，水为生物提供了丰富的物质，养育了生命；水是多种物质运输、转化的媒介，参与生命活动；但与此同时，水也容易掺杂多种污染物质，可能对相关的生命体甚至整个生态系统或物品、设备、工艺等构成危害。

1.2.2 水质

水是良好的分散剂，能够溶解或分散世界上绝大多数的物质。几乎不存在天然的纯净水，自然界中绝大多数的液态水都是水溶液，都是由水及其包含的杂质所组成的，它们共同体现水溶液的特性，共同发挥功能。水质就是水及其中杂质共同表现的综合特性，也就是水分散体系的性质。

水中的杂质种类极多，甚至还包括水中的植物、动物等。水中杂质的含量差异也很大，所有这些杂质都对水质及其转化起到一定的作用，不同杂质成分的水在物理性质、化学性质及生物性质等方面存在巨大差异，这些差异关系到人类健康、安全和生活品质，关系到产品生产的过程和产品品质，关系到生态环境质量。水质决定水的利用价值，也决定了供水量（表1-1）。目前全球水资源短缺的问题中除水资源分布不均外，最关键和最根本的就是水质问题。

表1-1 水中杂质谱

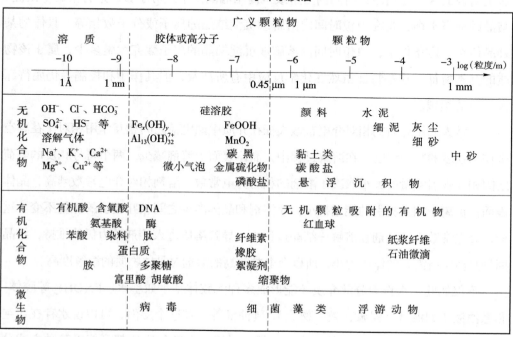

注：$1\text{Å}=10^{-10}\ \text{m}$

水中常见污染物按化学性质，可以分为无机污染物和有机污染物；按物理性质，可以分为悬浮性物质、胶体物质和溶解性物质。此外，水污染物还可以按下面的方式分类。

1.2.2.1　一般的有机污染物

有机污染物是生活污水和某些工业废水（如食品加工废水、化工废水等）中的主要污染物，是导致水体环境恶化的重要根源之一，是污水处理中主要去除的污染物，是饮用水处理中严格控制的污染物。有机污染物种类繁多，难以一一鉴别或加以处理，事实上也没有这种必要，通常用COD、BOD、TOD、TOC表征该类物质在水中的整体含量。虽然这样的表示不是十分准确，但总体上仍然有效地体现了相应有机物的整体污染水平。如果确有必要针对某种或某几种特殊重要的耗氧有机污染物展开研究，可以采用气相色谱、液相色谱以及其他具体测试方法测定其确切含量。近年来发展并且正处于逐渐完善中的三维荧光、紫外可见差异吸收等技术为原位快速测定具备一定特征或基团的有机物提供了手段。

耗氧有机污染物包括碳水化合物、蛋白质、脂肪、腐殖质、有机代谢中间产物等自然生成的有机物和污废水中所含的可降解有机物，种类繁多，成分非常复杂。其共同特点是在有氧或无氧的情况下，通过微生物的代谢作用降解成为其他有机物或无机物。事实上，化学氧化或者转化过程（如溶解氧的氧化、光化学氧化、光催化等）同样存在，只是通常程度上弱于生物过程。大量耗氧有机污染物在水中消耗溶解氧，造成水体缺氧、厌氧降解，这是导致水体黑臭的主要原因。

一些有机物（如阴离子表面活性剂等）对水质有重要影响。阴离子表面活性剂能产生异味、泡沫，严重影响饮用水感官。《生活饮用水卫生标准》（GB 5749—2006）中规定阴离子合成洗涤剂含量为不高于0.3 mg/L。

难降解的有机污染物性质一般是稳定的，不仅化学、物理性质稳定，也不易被生物降解，有些甚至不易被光化学降解。难以被生物降解的有机污染物是指污（废）水中化学性质稳定，不易被微生物降解和自然降解的有机物，主要包括一些人工合成的化学性质稳定的化合物及纤维素、木质素等植物残体、某些化学溶剂、对生物有毒害和抑制作用的有机物等。

1.2.2.2 无直接毒性的污染物

无直接毒性的污染物指的是对生命体没有直接损害，但在一定程度上对环境造成危害、不排除对机体有间接危害的污染物，主要包括以下几类：

（1）颗粒状无机杂质，包括泥砂、矿渣等，虽本身无毒害作用，但影响水体的透明度、流态等物理性质。有些时候，这些颗粒物或成为微生物栖息地，或成为某些其他污染物吸附、黏附的位点，甚至可能成为催化反应的位点，对污染物的扩散、转化有重要影响。

（2）氮、磷等植物营养物质，主要源于人体及动物的排泄物及化肥等，是生物生长，尤其是藻类生长的限制因子，也是导致湖泊、水库、海湾等水体富营养化的主要因素。

（3）无毒盐类物质，很多矿物盐类物质本身在常规浓度范围内没有毒害作用，但这些物质的存在对生物的生存环境产生复杂影响。比如，高浓度的盐类对生物反应池中微生物的影响往往会导致污水处理效果不佳，浓度过高时甚至会造成处理工艺的崩溃。

1.2.2.3 有直接毒性的污染物

有直接毒性的污染物主要是指生命体以某种方式（如消化道、皮肤浸洗、呼吸等）接触后，对机体产生某些方面的损害甚至危及生命的污染物，常见的有直接毒性的污染物包括以下几种：

有机氯类及有机磷类农药，如滴滴涕、六六六等，它们具有致癌性，能引起消化道癌、肺癌、白血病；酚类化合物，它们属于高毒物质，为原生质毒，能使蛋白质凝固，有很强的致癌作用，可引起全身中毒，人体可以通过皮肤、呼吸道和饮食摄入这些物质，水中的酚类化合物主要有苯酚、甲苯酚、氯酚、苯二酚等；芳香烃类化合物，主要是苯系化合物，如苯、二甲苯、苯乙烯、氯苯、苯并 [a] 芘等，这些物质能引起造血功能障碍、损伤神经、引发癌症等；还有氰化物、砷化物、重金属离子（如汞、镉、铬、锌、铜、钴、镍、锡等）、消毒副产物（如氯仿、卤乙酸等）以及放射性物质。有些物质的毒性大，即使少量被机体接触，也可能产生严重的后果（如汞、镉、氰化物等）；放射性物质通过饮用水进入人体内可产生内照射，形成的电离辐射对所有动物都有不同程度的致癌作用；有些具有长期危害性的物质在生物机体内积累、富集，从而构成危害，如氯仿、卤乙酸、苯并［a］芘等被列为致癌物或可疑致癌物。

1.2.2.4 生物污染物

水中的生物污染物主要是指某些致病微生物，如各种病菌、病毒、原生动物和寄生虫等，能引起各种传染病。生物污染物主要来自生物制品、饲养场和生活污水、医疗废水等。藻类也属于生物污染物。藻类是水体富营养化的重要参与者，其生命体和代谢物等在不同程度上影响水质和水体，作用复杂。生物污染物的最重要的特征是其繁殖功能，即不依赖于外源持续输入，只要有少量微生物，在条件适宜的情况下，就可以自我催化、快速增殖，造成严重的后果。生物污染物是水媒介传染病的最主要的根源，也是水处理中要去除或控制的主要污染物。

1.2.3 水质的复杂性与可调整性

1.2.3.1 水质的复杂性

水中的杂质是多种多样的，各种成分的多少及相互比例等让这种情况更加复杂。大量的单一污染物的物理化学性质和环境毒性效应被揭示出来，但是在实际环境中，通常有多种污染物与正常组分共存，真实的作用是联合作用。研究多种杂质联合作用的难度超出了人类现有的能力。以重金属离子的生物效应为例：铅可破坏酶的作用，还会损坏细胞膜，与蛋白质、氨基酸的官能团结合，从而干扰人体内多种生理活动，而且是一种潜在的致癌物，铅进入人体，将面临多种多样的离子、分子环境，尤其是蛋白等活性分子成分，因此单独研究铅的生物效应显然是不够的。铅和其他常量金属、微量金属、重金属、酶、氨基酸等联合作用非常重要，又非常复杂，然而直到现在，铅联合作用的研究进展仍非常有限。

水中的杂质以及整体水质随时间发生着不同程度和速率的变化。水中杂质本身以及杂质之间、杂质及其转化形态与水之间发生着不同方式、速率和程度的变化。比如，并非无毒污染物始终无毒，有毒、无毒污染物之间会随着条件的改变发生一定程度的转变。具体地讲，糖类、蛋白类、细胞残留物等原属于无毒物质，但经历生物或化学转化后，就可能形成有毒的杂质，如最常见的细胞毒素、藻毒素、氨、亚硝酸盐氮等。这些变化让水质分析必须考虑时间维度的影响。

水质不仅包括水以及其中的杂质，还包含温度、折光率、比热、导电性等物理特征。水中物理因子影响着其中生物、化学等杂质的存在和转化。

人们对水质－功能的关系理解容易出现偏差，通常表现在以下方面：

（1）看毒性，却忘记剂量；

（2）看危险程度，缺乏数量对比；

（3）强调风险，却不明确条件和情境。

人群中这样的认识很普遍，原因之一可能是专业知识太复杂、难懂，普通群众容易人云亦云。另一个重要原因是商业利益，在商品设计和营销策划中，健康水或功能水等涉水题材是一个重要内容，水质的复杂性让人难以辨别，而水质又是人们普遍关心甚至担忧的问题，无法通过简单、标准化的方法准确测评的水质－功能关系，为商家研发相关产品和服务，从而诱导消费提供可能。

水质是复杂的，水质的复杂性对快速、准确地监测水质的技术不断提出更高的要求。不仅如此，水质的复杂性决定了水功能的复杂性，以及在此基础上人们对用水要求或水质标准等认识上的局限，确定水质及其功能的认知仍有巨大的提升空间。

水中的杂质众多，加之其与物理因子之间的相互影响，因此水质是非常复杂的，可以说是千水千面。人不能两次踏进同一条河流，同样，人不可能两次接触到同样的水。人类的设备、建筑等也是一样的，不可能两次接触到同样的水。但这并不妨碍人们对水质认识和控制的愿望，我们既可以按照水中杂质的类型将其分为生物性、化学性、物理性等，又可以按照杂质粒径和分散程度将水中的物质分为悬浮物、胶体和溶解性物质等。如果进一步探寻水质的层次感，还可以从静态、动态的角度，以时间做维度，描述水质的特征；从独立作用、联合作用、相互作用等角度分析、研判水质在多种因子影响下的特征。

1.2.3.2　水质的可调整性

对于深层次的、动态的水质及其功能的探索催生出对水质分析方法（如化学分析和动态分析）、水质与机体健康的关系、水质与产品质量及加工过程的交互影响等方面的探索。具备一定功能的水必然有相应的水质要求；不同用途的水应该满足相应的水质要求。根据这种思路，揭示出水质的另一面，人们可以根据功能的要求调整水质，达成水质要求。

1.3 水污染

1.3.1 水污染及其危害

水中的杂质或者物理因子超出了其本底值，并且对水质功能产生不良影响的现象就是水污染。此处的"超出"可以理解为超过本底值，也可以认为是明显偏离本底值。如果把水污染认定为对水质功能产生不良影响的原因，那么水污染将会出现正污染和负污染两种类型。在通常的认识里，大家默认的是正污染，也就是水中的杂质（污染物）含量超过本底值的情况。实质上，负污染的情况并不少见，水的侵蚀性就是负污染的一个常见的例子。从这种理解上看，更规范的水质标准或水质要求除应该设定必要的指标外，一些指标限值还应该有高低两个界限，但是绝大多数的水质标准仍不具备这样的衡量指标。

水污染的危害涉及的范围很广，包括人体健康、生态安全、财产安全等方面。

企业生产的节水和排污要求日趋严格，单位产品耗水量、单位产值耗水量（行业最高允许排水量）等指标被计入考核体系。水的多次使用、循环利用等已经非常普遍。尽管我国出台了各项政策、法规等，目前对水资源的浪费起到一定的抑制作用，使耗水量减小、排水量同步减小，但排污的浓度、污水中污染物含量却有增高的趋势，因此对水处理技术提出更严峻的挑战，水资源有效利用和水污染控制之间的权衡仍存在巨大的认知和改善空间。

1.3.2 污水和废水

污水和废水的区别是什么？严格地说，废水是不存在的，这是因为水并不会被废掉，只是其中的某些杂质或者某些物理因子超出了水质既定功能的要求；所有的污染后丧失使用功能或不能满足水质标准或要求的水都可以叫作污水。

通常，界限较为清晰的一种认识是这样的：污水和废水的区别是其毒性或危害性不同。因此，对污水和废水的处理方法及工艺选择有显著的差别。污水指的是无毒杂质为主要污染物的水，处理工艺可以生物处理为主；而废水是含有显著浓度有毒有害污染物的水，需要一定预处理后方可进入生物处理工艺，有时，废水甚至只能用物理或化学法处理。尽管有毒和无毒是一个相对的概念，还是有必要对此加以区分，在现有的技术条件下，水中的有毒物质会对生物处理工艺造成严重冲击，对环境污染强度较高。

1.3.3　污水资源化利用

实质上，污水资源化利用并不是新鲜事物，更谈不到创新或者突破。污水资源化利用的做法自古以来一直是存在的，可以讲，本来就是这样做的，而且已经积累了众多的经验和教训。以水质相对较好的污水用于对水质要求相对较低的用途的做法非常普遍，比如，污水灌溉的历史非常久远，可以追溯到有农耕记载的古代。尽管如此，污水资源化利用的问题仍然需要人们的进一步探索。

城市污水资源化利用技术瓶颈主要有以下几个方面：

（1）用户少、用量不稳定。用量不稳定导致不能充分消耗产量，污水资源化处理的效益不稳定，甚至导致过度处理和成本增加。

（2）资源化用水标准不合理。用户不接受污水再生用水的原因主要有心理层面和物质层面两类。首先是心理层面，人们对水质不放心，担心其中会有些未知的污染物，可能危害健康。其次，物质层面主要体现在气味、色度、腐蚀、沉积、微生物等方面。以上问题归根结底还是水质问题，导致的后果是有异味，腐蚀管道、设备，结垢、沉积，形成微生物污泥沉积等，造成用户体验差和财产损失等。污水资源化用水标准不合理是核心问题。

（3）处理技术不科学。对水处理技术和工艺的控制缺乏标准规程会导致水质不达标或不够稳定，不能满足用户要求。

（4）成本计算不明确。污水资源化处理成本计算不够明确，对比尺度不一致。增加了企业的试错成本，限制了污水资源化企业真实竞争力的表达，可能会给整个社会造成损失。

要解决上述问题，一是建立更合理的污水资源化用水水质标准；二是合理评价、筛选相关水处理技术；三是配套污水资源化用水器具和管网等。

由于成本分析的局限，污水资源化利用的可行性实质上是具有很大不确定性的。过于激进的目标往往造成巨大的浪费或者损失，同时动摇环境治理的信心和决心。

2 水质、功能与水质标准

自古以来，人类依水而居。水源、水质关系着人类文明的兴衰。即使在科学技术已经得到快速发展的今天，人们对水质特征和功能的认知仍然非常有限。

2.1 水质与功能

除去水自身的特殊性质，水与其中的杂质共同造就了更丰富的水质。水质不同的水被延展出多种功能，形成千变万化的水，其中蕴含着神奇的功能和无限的机会。水的边界与水质一起主宰着生命的边界。水污染造成的危害和影响同样深远。

水具备良好的分散能力，能够形成多种溶液体系、溶胶体系和悬浊液、乳浊液。可以说，水为生物提供了丰富的物质基础，发挥着滋养生命的作用，同时在人类生活和生产中发挥着重要作用。但同时，如果水中含有的有害杂质达到一定程度（被污染），可能对整个生态系统造成威胁，对人类的生命或财产安全造成危害。

水质对水功能的影响大致可归纳为以下几个方面。

2.1.1 水质对健康的影响

尽管没有证据证明健康、长寿和生病的根源是水，但毋庸置疑，水质及用水方式对人体健康有重要的影响。一方面，人体健康、长寿需要清洁的饮用水；另一方面，水污染、水媒疾病长期威胁人类健康和生命安全。

上述说法过于模糊，究竟什么样的水是安全、健康的饮用水呢？对于这个问题，众说纷纭。每个人都有自己的答案，但没有谁能肯定自己的答案是证据十足、完全正确的。本书引用世界卫生组织 2004 年编制的《饮用水水质准则》中对饮用水安全的描述：安全的饮用水即使是终生饮用也不会对健康产生明显的危害，在生命不同阶段人体的敏感程度发生变化时也是如此。最容易受到水源性疾病危害的是婴幼儿、体质衰弱者、生活在不卫生环境中的人们以及老年人。世界卫生组织的

《饮用水水质准则》给出的安全饮用水的定义似乎与大家的预期有很大差距。它给出的只是一个笼统的说法。实际上,《饮用水水质准则》对安全饮用水的评价原则、方法和依据等做了详细、系统的阐述,尽管仍有待完善,但还是为大家提供了重要的参考,成为世界各国制定水质标准的重要依据之一。这里,我们依据更多的资料和近期研究成果,尝试阐述水质对健康的影响,提出自己的看法。

2.1.1.1　水中的生物等物质对人体健康的影响

水中的生物(主要是微生物)等物质与人体健康关系密切,其造成的疾病多种多样。

天然水体具备适宜微生物生长的条件和开放的环境,因此会有一定种类和数量的微生物。若以这种水作为饮用水水源,净化处理时必须去除这些微生物,否则可能影响人体健康。

水中的微生物对水质转化有重要作用,同时某些致病生物可能对人体造成危害。细菌、病毒、寄生虫、生物毒素、藻类等是水中常见且对人体健康影响较大的生物。

1. 细菌

细菌是没有细胞核的单细胞原核微生物,许多疾病都与细菌有关,如伤寒杆菌导致的伤寒、霍乱弧菌导致的霍乱等。沙门氏菌病是常见的人畜共患病之一,其病原沙门氏菌属肠杆菌科,包括引起食物中毒,导致胃肠炎、伤寒和副伤寒的细菌,甚至一度被认为是食物中毒致死的主要原因。现已发现的沙门氏菌有 2 000 多种,绝大多数都是人体致病菌。与人体疾病有关的主要有甲组的副伤寒甲杆菌、乙组的副伤寒乙杆菌和鼠伤寒沙门菌、丙组的副伤寒丙杆菌和猪霍乱杆菌、丁组的伤寒杆菌和肠炎杆菌等,都可污染食物而引起人体食物中毒。沙门氏菌除可感染人外,还可感染很多动物,如哺乳类、鸟类、爬行类、鱼类、两栖类等。沙门氏菌经口进入人体,其影响程度与机体抵抗力、吞噬细胞的数量、血清型及侵袭力有关,临床表现复杂,可分为胃肠炎型、类伤寒型、败血症型、局部化脓感染型等,可能加重病态甚至引起人体死亡。沙门氏菌分泌肠毒素,使肠液分泌能力大大增加,超过肠道重吸收能力,引起人体腹泻。肠黏膜所含糖蛋白、糖脂可阻止沙门氏菌吸附,肠道细菌产生的短链脂肪酸可抑制沙门氏菌生长;而暴饮暴食,酗酒,服用抗酸剂、抗蠕动药、抗微生物药等均会增加人体对沙门氏菌的易感性。机体的健康状况对发病与否起着重要作用，如包括吞噬细胞功能的细胞免疫机制，对抵御沙门氏菌感染有重要作用。患白血病、淋巴瘤、结缔组织病、艾滋病、肝硬化等疾病时，沙门氏菌感染的概率升高，感染后病情也较重。霍乱是一种可怕的致命传染病。霍乱弧菌主要通过被污染的水源或食物传播，曾引起多次大规模疫病流行。霍乱属于烈性肠道传染病，主要症状为剧烈的呕吐、腹泻、失水、低血压等，有些被感染者甚至在几小时内就死亡，而且死亡率很高。人饮食不洁，感染霍乱弧菌后，霍乱弧菌进入人体小肠，穿过黏膜表面的黏液层，黏附于肠壁上皮细胞，迅速繁殖。此毒素作用于黏膜上皮细胞与肠腺，使肠液过度分泌，引发患者上吐下泻，导致患者脱水和电解质失衡。如不及时治疗，死亡率超 20%。

2. 病毒

病毒是由一个（或一组）核酸分子（DNA 或 RNA，病毒的遗传物质）与蛋白质外壳构成的非细胞型生物，具有遗传、复制等生命特征。目前，人们对病毒是微生物的认识存在争论。人们从生物的基本特征方面检索，病毒并不具备生物所有的基本特征，可以认为病毒是具备部分生物特征的准生物"微粒"。病毒的确很小，粒径为十几到几百纳米，主要特征是不具有独立代谢能力，需要借助被其侵染的细胞进行复制、繁殖。脊髓灰质炎是由脊髓灰质炎病毒（poliovirus）引起的急性肠道传染病，又称小儿麻痹症。脊髓灰质炎病毒是最有名，也是杀伤力最强的病毒之一。小儿麻痹症对患者往往造成非常严重的影响，可造成患者下肢畸形甚至瘫痪、死亡，让人望而生畏。人体是脊髓灰质炎病毒的唯一宿主，至今尚未见到脊髓灰质炎病毒感染其他动物的报道。病毒引发的病理改变主要是在中枢神经系统、脊髓和大脑。病毒随饮食侵入人体，在咽、胃肠道等部位形成原发性感染灶，经血液侵入脑和脊髓。并非所有脊髓灰质炎病毒感染者都表现出小儿麻痹等症状，多数感染者呈现隐性感染状态，只有少数人成为显性感染者。病毒引起强烈的炎症反应，并侵害神经细胞，甚至造成瘫痪。有些感染者或许会引发非麻痹型症状，而不会造成运动神经元瘫痪，如头痛、发热等轻微症状，或者咽部红肿、肠道不适等症状。就普通的民众而言，上述这些轻微症状似乎很难和小儿麻痹症这样可怕的疾病联系在一起。一旦受到病毒感染，病毒会在人体内大量繁殖，对人体产生不同程度的侵害。研究还发现，隐性和显性感染者在一定情况下，都可以成为脊髓灰质炎病毒的传染源。除脊髓灰质炎病毒外，柯萨奇病毒、引发上呼吸道感染及胃肠病的腺病毒、引发肝炎的甲型肝炎病毒等，污染源都是人类粪便，都能通过水等途径传播。

3. 寄生虫

常见的寄生虫有蓝氏贾第鞭毛虫和隐孢子虫等。蓝氏贾第鞭毛虫引发的贾第虫病是常见的肠道寄生虫病之一，主要症状是腹痛、腹泻、呕吐、发热和厌食等。儿童患者由于腹泻，会引起营养不良，生长滞缓。症状可能持续几天、几个月甚至几年。蓝氏贾第鞭毛虫感染能力强到超乎想象。研究发现，只要接触1个蓝氏贾第鞭毛虫包囊，人体就有可能被感染。蓝氏贾第鞭毛虫的主要污染源为人粪便和动物粪便。人摄入被污染的饮食而被感染，最主要的传染途径就是人际接触。被污染的水源若得不到有效处理，蓝氏贾第鞭毛虫可能穿透水处理设施，也就是说水处理措施无法对其进行有效去除或杀灭，有部分蓝氏贾第鞭毛虫可能在出水中存留，通过胃肠道感染人体。蓝氏贾第鞭毛虫有两种形态：营养体形态和包囊体形态。包囊有厚而坚韧的囊壁，是蓝氏贾第鞭毛虫的传播体、保护体等，可以抵御不良的环境（在胃液这样强酸环境下仍不能对包囊灭活），随粪便传播，蓝氏贾第鞭毛虫可以穿透消毒系统的原因就在于此。包囊个体小，虽能被混凝沉淀和过滤部分拦截、去除，但残余部分还是会造成疾病传播。如果混凝效果不佳，残余浊度高，去除包囊的效果更差，危害就更加严重。包囊抵御能力强，一般的氯消毒对包囊的杀灭效果差。遇到合适的环境条件，包囊可以转变成营养体。据报道，蓝氏贾第鞭毛虫的包囊体在水中可存活几天到几个月，在含余氯0.5%的消毒水中可存活2～3天。

隐孢子虫引发的隐孢子虫病的主要症状是急性腹泻。隐孢子虫有营养体和卵囊两种形态。营养体在宿主体内发育，卵囊随宿主粪便排出。卵囊抵御不良环境的能力较强，不易被杀灭。人摄入被卵囊污染的食物和水后，在消化液的作用下，卵囊中的子孢子在小肠脱囊释放后附着于肠上皮细胞，再侵入其中。具感染性的卵囊随宿主粪便排出体外，会污染水源，若不经处理或处理不当，会导致隐孢子虫病传播。值得注意的是，在症状消失后数周，该病患者的粪便中仍有可能带有卵囊，仍可能是传染源。

4. 生物毒素

生物毒素是指动物、植物、微生物产生的对其他生物物种有毒害作用的各种化学物质。水中最常见的生物毒素来自微生物，也就是微生物毒素。对微生物毒素的研究开始于 19 世纪后期。

　　人类发现的第一种细菌毒素是白喉毒素。德国细菌学家科赫的学生在研究霍乱弧菌感染的发病机理时，发现该菌可产生两种具有不同性质的毒性物质：一种为由活菌合成并释放、对热敏感的蛋白质成分，即外毒素；另一种为对热有抵抗力，并且只有当细菌崩解后才能被释放的非蛋白质成分，即内毒素。与外毒素不同，内毒素不能被稀甲醛溶液脱去毒性。把内毒素注射到机体内虽可产生一定量的特异免疫产物（称为抗体），但这种抗体抵消内毒素毒性的作用微弱。内毒素脂多糖分子由菌体特异性多糖、非特异性核心多糖和脂质 A 三部分构成。脂质 A 是内毒素的主要毒性组分。不同革兰氏阴性菌的脂质 A 结构基本相似。因此，凡是由革兰氏阴性菌引起的感染，虽菌种不一，其内毒素导致的毒性效应大致相同。这些毒性反应主要有发热反应、白细胞反应、内毒素血症与内毒素休克等。

　　关于真菌毒素，虽然对蘑菇中毒的研究开展得较早，但直到 20 世纪 60 年代初才因为一场突如其来的大规模死亡事件受到重视。当时，在英国东南部一些农场中，有大约 10 万只火鸡不明原由突然死亡，主要的症状是肝脏出血。大规模死亡事件接连发生，一时间在人群中造成了恐慌。后来经过食品、毒理和细菌学方面专家的通力合作，终于找出了引起火鸡大批死亡的原因。他们从喂养火鸡的玉米粉中分离出一种未知的、由黄曲霉菌产生的毒素，命名为黄曲霉毒素。黄曲霉毒素的毒性比人们熟知的剧毒药氰化钾强 10 倍，比眼镜蛇、金环蛇的毒汁还要毒，比剧毒的农药 1605、1059 的毒性强 28～33 倍。黄曲霉毒素主要是对肝脏造成损害，属于肝毒性毒素。黄曲霉菌及其毒素的发现，引发了人们对真菌毒素的研究。真菌能在水体环境中生存，在饮用水中也曾检出过真菌及其毒素。据报道，在对两个地区的饮用水调查的过程中发现，饮用水管网中霉菌检出率高达 70%，二次处理水源中霉菌检出率达 75%。有学者对国内坑道储水、浅表层井水（井深在 60 m 以内）进行了调查，发现霉菌含量较高，并且在井水中检出了产毒菌株。有学者研究发现，寒区某地的储水中检出的霉菌主要有青霉、曲霉和酵母，另有交链孢霉、水霉、葡萄穗霉、镰孢菌、白地霉、毛霉、新月弯孢霉、丝核菌、出芽短梗霉和粉红端孢霉等。有国外学者研究发现，处理后的自来水中仍有烟曲霉、毛霉和犁头霉。而有些真菌（如白腐真菌等）能在水处理中发挥作用，其对各种难降解有机物及异生物质具有独特的降解能力。

5. 藻类

藻类（主要是单细胞浮游藻类）是当前某些中度、轻度污染水体，以及地表水中普遍存在的微生物。水处理中相关的藻类大小为几微米到几十微米。一般的藻类对人类健康没有影响，与致病细菌不同，藻类被人体摄取后，不会在体内繁殖。但有些藻类可以分泌胞内毒素或胞外毒素，如某些蓝藻（也称蓝绿藻、蓝细菌等），这些毒素中有些被称为藻毒素。有的藻毒素可能引发过敏反应和胃肠道炎症，有些甚至可以诱发肝癌等疾病。毒性肽类（如微囊藻毒素）经常包含在细胞内，可以过滤清除（也不排除由于藻细胞破裂、解体而被释放到水中）；但毒性生物碱（如藻毒素）和神经毒素可被释放到水体中，并能通过过滤系统。

由于能分泌生物毒素的微生物生长、繁殖及死亡，生物毒素可能出现在水中，引发二级污染。水处理过程中，对微生物污染严格控制的同时，还应该关注对微生物代谢物、生物毒素的控制。

尽管现在人们对水中的微生物造成的危害已经非常熟悉，同时深知其控制方法并掌握有效的技术，但饮用水微生物污染仍然被世界卫生组织列为首要危害。在发展中国家，饮用水造成的传染病是很常见的。2010—2011 年，海地暴发霍乱疫情，报告了 52 万多个病例，近 7 000 人死亡。截至 2012 年 8 月 23 日，塞拉利昂和几内亚两国有超过 1.3 万人感染霍乱，患者出现腹泻、呕吐和严重脱水等症状，近 300 人死亡。2019 年 6 月 11 日，埃塞俄比亚境内暴发了霍乱疫情，至少 525 人被感染。2020 年 2 月 15 日，埃塞俄比亚公共卫生研究所（EPHI）表示，埃塞俄比亚境内多地暴发霍乱疫情，已致 76 人死亡。某科研小组的调查报告显示，拉丁美洲某地区人们长期遭受胃肠道传染病的危害，传染源就是不洁饮用水。而这并不限于发展中国家，在发达国家也经常出现饮用水中微生物致病的情况，有些时候甚至造成疾病的流行。

除微生物种源外，影响水中微生物滋生的主要因素如下。

（1）营养物质：水中有机物、碳酸盐、硝酸盐、磷酸盐等是微生物生长的营养物质，这些物质的存在有助于微生物的生长和繁殖。

（2）温度：大多数微生物生存的适宜温度为 20～35℃，通常自然条件下的温度（-20～40℃）不足以杀灭微生物。

（3）pH：各种微生物都有最适宜生长的 pH，一般天然水的 pH 为 6～8，适宜多数微生物生存。

（4）溶解氧：溶解氧对微生物代谢、繁殖有很大的影响，有些微生物需要溶解氧才能生存，有些则需要厌氧或缺氧的环境。因此，溶解氧的浓度决定了水中微生物的种类和分布，同时决定了相应的水质状态（如氧化还原电位）。

2.1.1.2　水中物理因素对人体健康的影响

1. 浊度

浊度是水的一项物理指标，是由于水中含有泥沙、有机物及微生物等悬浮颗粒物，会对光线产生光学效果。浑浊程度的大小反映了这些物质的多少及分布情况，但不能简单地认为浊度高的水中悬浮颗粒物浓度一定高于浊度低的水。很多因素都影响着浊度的大小，比如，颗粒物的浓度，颗粒物的折光性质，颗粒物粒径、粒径分布，颗粒物质地、性质、色度等都对浊度有影响。《生活饮用水卫生标准》（GB 5749—2006）对生活饮用水浊度的规定是不超过 1 NTU，水源及净水技术限制条件下为不超过 3 NTU。

分析天然水中浊度的构成物质，可知其中的泥沙、黏土对人体健康的影响程度有限，而且此类物质较易沉淀、分离，在饮用水中含量不大，一般不会造成严重危害。但对于有机物及微生物，就应当给予高度重视。细菌、真菌、藻类、病毒和原生动物（隐孢子虫、蓝氏贾第鞭毛虫等）等都可能导致水体浊度增加，其中的致病因素不容忽视。在水传染病原微生物中，曾对人类造成重大危害的有甲肝、脊髓灰质炎等病毒，隐孢子虫、蓝氏贾第鞭毛虫等病原生物，其特性是抗性强，水处理难度大。由于隐孢子虫、蓝氏贾第鞭毛虫等生物对氯有很强抗性，被称为抗氯微生物。在饮用水消毒过程中往往利用臭氧等对此类微生物进行去除。浮游藻类是当前饮用水源水中普遍存在的一类生物，一般是单细胞，大小为几微米到几十微米。藻类对饮用水的危害主要为浊度增加、产生异味、使溶解氧产生巨大波动、产生藻毒素和其他代谢物等。利用浊度可以近似地指示上述生物污染的程度，浊度是反映生物污染程度的重要指标。

水体中有机物可以分为颗粒态、胶体和溶解性有机物。上面说的微生物可以认为是颗粒态或胶体有机物的一种。颗粒态和胶体有机物都可能引起浊度变化。溶解性有机物是有机物中迁移能力最强、处理最困难的形态。溶解性有机物可能被胶体或微小颗粒物吸附，形成胶体或悬浮粒子的组成部分，从而影响浊度。

浊度构成物质的风险来自多个方面：

（1）自身物理、化学和生物特征可能构成污染；

（2）成为多种溶解性污染物的吸附场所，构成复合污染；

（3）成为载体甚至催化界面促进反应，可能导致二次污染。

浊度的构成和变化与水质安全紧密相关，而且是较为简易的测试指标。对浊度的控制关系到水中藻类、有机物、微量污染物等的控制，所以浊度一直被认为是最重要的饮用水指标之一。

2. 温度

温度是水的基本特征之一，对水的功能产生复杂且重要的影响。

（1）温度对水分子缔合状态的影响

不同温度下，水分子缔合情况将发生不同的变化。温度下降，水分子热运动减弱。假设氢键强度不随温度变化，水分子热运动减弱会导致分子间缔合程度增加，也就是由于氢键形成的分子间作用更稳固，所形成的水分子体系（分子团）更大；反之，温度升高，水分子热运动增强，导致分子间缔合程度减弱，由于氢键形成的分子间作用不够稳固，导致水分子缔合体系变小，也就是能形成目前市场上流传的小分子水。关于小分子水容易进入机体的说法较为流行。但如果进一步分析其可能性，这种说法似乎缺乏说服力，并不容易找到切实的证据。液态水中的水分子始终处于一定程度的缔合状态，这种缔合状态的缔合程度却不易衡量，因为水分子始终保持动态。这种状态不稳定，难以测定。再退一步讲，即使小分子水可以被证实存在，它的功效也难以确定。人们很难测定被机体或者细胞膜接触的水分子团的大小。因此，更无从探讨水分子团大小对健康的影响。

（2）温度对水中 pH 的影响

水温不同，水的 pH 会发生相应的变化。纯水的 pH 取决于水中的氢离子浓度 $c(\text{H}^+)$，是由水的电离决定的。

$$\text{H}_2\text{O} \rightleftharpoons \text{H}^+ + \text{OH}^- \tag{2-1}$$

在温度为 25℃时，$K_w = \left[\text{H}^+\right]\left[\text{OH}^-\right] = 1.0 \times 10^{-14}$，pH=7。水的电离程度受到温度的影响，温度越高，电离程度越大。温度为 100℃时，pH 约为 6.0。因此，水温不同时水的 pH 不同。

对于强酸和强碱而言，温度变化对 pH 的影响不大。如果是弱酸或弱碱，由于它们的电离过程是吸热的，升高温度有利于所有吸热反应正向进行。也就是说，会电离出更多的离子，此时 pH 随温度变化较大。如果是弱酸，随着温度的升高，其溶液中的 H^+ 浓度会显著增加，因此 pH 会下降；如果是弱碱，随着温度的升高，其溶液中的 OH^- 浓度会显著增加，因此 pH 会上升。可见，弱酸或弱碱的 pH 随温度变化的差异明显。在有弱酸或弱碱参与的水溶液反应中，应该关注环境温度的设定和变化。

水中通常含有一定种类和数量的盐类，如碳酸盐、碳酸氢盐等。温度会对其水解程度产生影响，进而影响 pH 的变化。

（3）温度对溶解度的影响

水温对水分子缔合程度、pH、黏度的影响以及水经历的温度过程都导致水中的杂质成分和形态发生变化，温泉就是常见的例证。温泉温度较高，其形成和流动过程中溶入的杂质尤其是矿物质组合各具特点。地质及水文条件对地下水化学成分的形成起着决定性的作用，地形地貌、岩层性质、地下水循环条件及储藏位置不同，地下水化学成分往往有很大的差别。更进一步讲，即使地下水周边地质、矿物环境类似，不同温度的温泉将形成不同的矿物组合，导致其拥有不同的功能。此外，温度对矿泉水等水中溶解物质的变化有类似的效果。

一般认为，水的侵蚀能力和结垢能力取决于 pH，但实质上温度同样具有重要的作用。借鉴冷却水中侵蚀能力和结垢能力的判断方法，可以理解水在机体中的作用。电解质溶解度随温度变化的规律相当复杂。固体电解质的溶解过程可分两步，第一步是离子挣脱晶格能；第二步是离子水合的过程，成为水合离子，其中能量变化是离子的水合热。两步能量之和即为固体电解质的溶解热。晶格能是与电解质浓度无关的量，水合热则与电解质浓度有关。当溶液很稀（无限稀）时，再加入水也不会产生热效应，是因为在极稀溶液里，离子能充分水合，在比较浓的溶液里，跟离子结合的水分子数就受到限制。

多数物质的溶解度会随着温度的升高而增大，但也有些物质的溶解度会随着温度的升高呈现复杂变化。比如，硫酸钙的溶解度在 0～50℃ 时随温度上升而上升，生成二水硫酸钙；在 50～82℃ 时随温度上升而下降，生成半水硫酸钙；在 82～150℃ 时随温度上升而下降，生成无水硫酸钙。硫酸钙在 10℃ 时溶解度为

0.192 8 g/（100 mL）；40℃时溶解度为 0.209 7 g/（100 mL）；100℃时溶解度降至
0.161 9 g/（100 mL）。这是导致煮开水时出现水垢的原因之一。

钙、镁离子是人们了解较多的水中溶解性杂质，还有很多离子在水中的溶解、
沉淀过程随着水温波动，形成沉淀物的溶解次序也被水温影响。钙、镁离子为水中
主要硬度离子。钙、镁离子的溶解－沉淀过程对水质产生重要的影响。可见，水在
不同温度条件下，溶解能力会发生复杂的变化，进而导致水质及其健康效应发生相
应的变化。

水温不同时，另一个重要的特征是溶解氧发生明显的变化。研究指出，一般
情况下，一定温度、气压下的饱和溶解氧浓度（单位为 mg/L）大致可按 $DO_f=468/$
（$31.6+T$）计算，其中 T 为水温，单位为℃。在 10℃时，溶解氧为 11.25 mg/L；
30℃时，溶解氧大约为 7.6 mg/L；45℃时，溶解氧降低到约 6.1 mg/L。水刚煮沸
时，溶解氧则降到 3.6 mg/L 左右；如果延长煮沸的时间，溶解氧还有可能进一
步下降。溶解氧的变化只是温度对水中溶解气体的一个表观特征，但这个特征
对水质具有重要影响，如氧化还原电位的变化及其他杂质的迁移转化方式的改
变等。

（4）温度对反应速率的影响

温度对水中杂质的化学性质有重要的影响。化合物活跃程度与温度有关，如果
温度合适，将提升原子转化率，减少残留和副产物杂质的生成。这些影响在基础化
学、物理化学的经典理论中都有体现。温度对反应速率的影响情况比较复杂，随具
体反应物质不同而异。对大多数反应来说，化学反应速率随温度升高而加快。当温
度升高时，一方面分子的运动速度加快，单位时间内的碰撞频率增加，使反应速率
加快；另一方面分子的平均动能增加，分子的能量分布曲线明显右移，具有较高能
量分子的百分数增加，从而使反应速率加快。根据实验，可总结出一条规律，即温
度每升高 10K，反应速率增加 2～4 倍，这当然只是一种粗略的估计。当温度的变
化不大，又不需要精确数据时，可以使用此规律做参考。

温度变化导致物质溶解平衡和离子活度发生变化，影响水化学反应。当有水分
子或氢离子、氢氧根离子参与反应时，情况更加复杂。温度导致氢离子和氢氧根离
子的数量发生改变，影响化学反应进程。

1889 年，瑞典物理化学家阿伦尼乌斯根据大量实验证明，当以 $\ln k$（$\lg k$）对 1/

T 作图时可得一直线，很多反应的速率常数与温度之间都具有这样的关系。这个关系可写作

$$\ln k = -\frac{E_a}{RT} + B \quad \text{或} \quad k = Ae^{\frac{E_a}{RT}} \qquad （2-2）$$

式中，A——常数，称为指数前因子；

      B——另一常数；

      R——摩尔气体常数；

      T——热力学温度；

      E_a——活化能（或实验活化能，其单位为 J/mol），对某一给定反应来说，E_a 为一定值，当反应的温度区间变化不大时，E_a 和 A 不随温度而改变。

速率常数 k 是与温度有关的量，其数值的大小直接反映反应速率的快慢。温度越高，k 值越大，反应速率越快。

对于某一反应，若已知活化能 E_a 及某温度 T_1 时的速率常数 k_1，利用式（2-2），可求得另一温度 T_2 时的速率常数 k_2，即

$$\lg\frac{k_2}{k_1} = \frac{E_a}{2.303R}\left(\frac{1}{T_1} - \frac{1}{T_2}\right) \qquad （2-3）$$

如果实验测得不同温度时的速率常数 k，以 $\lg k$ 对 $1/T$ 作图，由该直线的斜率（$-E_a/2.303R$）即可求得活化能 E_a。

当水分子或氢离子、氢氧根离子参与反应时，把参与反应的离子或水分子作为化学反应物计入反应，可以得出相应的反应速率。

（5）温度对流动性（黏度、活度、扩散）的影响

水温会导致水的黏度值发生变化。液态水温度越低，水的黏度越大；温度越高，黏度越小。水的黏度会影响水中物质运动速率和杂质水解、扩散过程，进而影响物质的迁移、转化。

（6）温度对水中微生物的影响

温度对水中微生物及其代谢的影响尤为重要。微生物尤其是致病微生物适宜的温度为 20～35℃。例如，大肠杆菌能引起腹泻，属于条件致病菌，适宜的温度为 15～46℃。当温度为 37～44℃ 时，20～30 min 即可繁殖一代。致病微生物都有适宜生长繁殖的温度条件，而且必须达到一定的数量才能致病。温度 4℃ 以下（冰

箱冷藏的环境），大多数种类的微生物不死但也不繁殖，不容易致病。当温度低于 $-18℃$（冰箱冷冻环境）时，可以抑制微生物生长。温度很高时，如在 $56℃$ 下 $0.5\ h$，或 $100℃$ 下 $2\ min$，微生物的菌体结构、核酸成分将发生改变，也会失去致病能力。温度适宜时，微生物生长、繁殖活跃，其对水中有机物等营养物质的代谢也更加旺盛，导致微生物数量激增，同时产生更多的代谢产物。这些代谢产物包括 NH_3、NO_2^-、NO_3^-、微生物毒素、藻毒素等。

（7）温度对生物毒素的影响

水中的生物毒素以微生物毒素为主，这些生物毒素对温度的反应有两种不同的类型。一种是对温度（热）敏感的外毒素，主要由蛋白质构成；另一种是对温度（热）不敏感的内毒素，主要成分是脂多糖，如革兰氏阴性菌细胞壁中的成分脂多糖。脂多糖对宿主有发热等毒性反应。由于内毒素是脂多糖，不是蛋白质，因此非常耐热，在 $100℃$ 的高温下加热 $1\ h$ 也不会被破坏。在 $160℃$ 的温度下加热 $2\sim4\ h$，或用强碱、强酸、强氧化剂加温煮沸 $30\ min$，内毒素活性才能被破坏。因此较高的水温（如煮开的水）可以消除外毒素的活性，对内毒素却无能为力。大部分真菌在 $20\sim28℃$ 都能生长，在 $10℃$ 以下或 $30℃$ 以上，真菌生长显著减弱，在 $0℃$ 几乎不能生长。一般控制温度可以减少真菌毒素的产生。

（8）温度对其他生物和水体生态系统的影响

温度对其他生物和水体生态系统都有一定的影响。一般而言，水生生物对温度变化的反应比陆生动物敏感，耐受性也较差。温度的骤然变化会导致水生生物的不适应，甚至发生病变或死亡。温度变化还会干扰水生生物的繁殖行为。对水体生态系统而言，温度变化或者温度变化规律的改变可能导致整个生态系统的变化。

上述说法是对体外环境而言的，人体内环境温度相对稳定，也不可能由于饮水的水温造成体液温度的显著变化，因而饮水温度对机体的影响更多的是集中在水温对身体消化道的刺激上。对于饮水水温，不同的人有不同的习惯。有学者认为，饮用 $37\sim45℃$ 的温水对人体消化道比较合适。

人体保持恒温状态，体温在一个相当窄小的范围内波动。人体对体温的控制消耗了大量的能量，是基础代谢中最重要的耗能部分之一。同时，体温恒定反映的是温度对机体某些细胞、组织和器官发挥正常代谢、维持正常功能的重要性。尽管饮用水的温度对体温并不会产生明显影响，但不同温度的水中矿物质以及其他溶质的溶解能力和沉淀特性会发生复杂变化。这种溶解能力的差异体现了水的侵蚀性和水中某些物质的沉积性，可能影响体液渗透压，从而对人体产生相应的影响。这种变化通常小到不易察觉，但其长期作用对人体健康的影响仍有待研究。

3. 放射性

有些地下水中可以检出放射性物质。放射性物质可以通过裂变释放出 α 射线、β 射线和 γ 射线。放射性物质通过饮用水进入人体，可产生内照射。这些射线不同程度地与人体发生作用，其中 α 射线对人体伤害较大，β 射线虽然穿透性强，但一般认为其危害小于 α 射线。对人类和动物的研究表明，低剂量和中等剂量水平的辐射照射会增加癌症的远期发病率。尤其是动物实验证明，辐射照射可以导致遗传畸形发生率的升高。这种照射如果达到一定的剂量和接触时间，会有不同程度的致癌作用，可能引起皮肤癌、骨肉瘤、肺癌、白血病等。如果饮用水中放射性核素的浓度低于指导水平（相当于待积有效剂量低于 0.1 mSv/a），摄入水后不会造成有害的影响。当人全身或身体大部分受到很高剂量照射时，可能会发生急性辐射健康效应，导致血细胞数目降低，甚至导致人死亡。

《生活饮用水卫生标准》（GB 5749—2006）中规定了总 α 放射性和总 β 放射性的参考值，总 α 放射性标准为 0.5 Bq/L，总 β 放射性标准为 1 Bq/L，并规定当这些指标超过参考值时，需进行核素分析和评价，以确定饮用水的安全性。根据世界卫生组织制定的《饮用水水质准则》，因饮用溶解有氡气的地下水而引起的照射风险通常要低于因吸入释放在空气中的氡及其子体放射性核素而导致的照射风险，但仍然不可忽视，因为这两种情况都会发生照射。

饮用水供应设施中放射性核素活度的水平通常较低，对于饮用水供应设施，不必担心会发生辐射的急性健康效应。含有天然铀的地下岩石不断地释放出氡气，渗入与其接触的水（地下水）中，同时，氡很容易从地表水中释放出来。因此，地下水的氡浓度可能比地表水高。已查明一些水井中含有较高浓度的氡，比自来水中氡平均浓度高 400 倍；少数水井中氡浓度可超过 10 kBq/L。

2.1.1.3　水中化学因素对人体健康的影响

1. pH

pH 是水中氢离子浓度的负对数，是水质最重要的指标之一，一般水中 pH 为

5～10。《生活饮用水卫生标准》（GB 5749—2006）将自来水的 pH 定为 6.5～8.5。这一标准与世界卫生组织、美国、欧盟的饮用水卫生标准基本一致。

健康人的血液为中性偏碱性，pH 为 7.35～7.45；一般新生儿体液也属弱碱性。但患病者或处于亚健康状态的人的体液会逐渐转为酸性，pH 降低到 7.35 以下，成为酸性体质者。酸性体质者常会出现身体疲乏、记忆力减退、腰酸腿痛、四肢无力、头昏、耳鸣、失眠、腹泻、便秘等症状，到医院检查不出什么病因。甚至有报道指出，85% 的痛风、高血压、高血脂患者都是酸性体质，100% 癌症患者是酸性体质。

体液 pH 提供的信息远不止酸碱平衡，还包含着丰富的内容。矿物元素在水中的溶解度、沉淀特性，功能蛋白的形态、功能发挥，物质输送和能量流动，机体代谢能力和效果等都与体液 pH 密切相关。此外，体液缓冲体系是否正常决定着 pH 变化的幅度和体液环境 pH 的稳定情况。蛋白质是生命的物质基础，没有蛋白质就没有生命。机体中的每一个细胞都有蛋白质参与。人体蛋白质的种类很多，性质、形态、功能各具特色，但所有的蛋白质都是由 20 多种氨基酸按基因序列提供的信息以不同比例、不同顺序、特定的方式构成的，并在体内不断进行代谢与更新，维护着机体的健康。以蛋白质为例似乎有些复杂，以蛋白质的形成单位——氨基酸为例即可证明 pH 对机体的重要程度。氨基酸尤其是功能蛋白活性基团附近氨基酸的形态和结构，决定着蛋白质的功能和结构的正常与否。氨基酸至少含有一个氨基和一个羧基，因此氨基酸是两性电解质，在相对碱性溶液中羧基电离表现出带负电荷；在相对酸性溶液中氨基电离表现出带正电荷。那么，一定存在某一 pH 的溶液，其中的氨基酸所带的正电荷和负电荷相等，此时的 pH 就是该氨基酸的等电点。20 种构成人体蛋白质的 α-氨基酸的等电点都不一样（表 2-1）。

表 2-1　20 种 α-氨基酸的等电点

甘氨酸 5.97	丙氨酸 6.00	缬氨酸 5.96	亮氨酸 5.98
异亮氨酸 6.02	苯丙氨酸 5.48	丝氨酸 5.68	苏氨酸 6.16
酪氨酸 5.68	半胱氨酸 5.05	蛋氨酸 5.74	脯氨酸 6.30
色氨酸 5.89	赖氨酸 9.74	精氨酸 10.76	组氨酸 7.59
天冬氨酸 2.77	谷氨酸 3.22	天冬酰胺 5.41	谷氨酰胺 5.65

同时 pH 变化还会影响这些氨基酸的极性。根据极性可将氨基酸划分为非极性氨基酸（疏水氨基酸）[如丙氨酸（Ala）、缬氨酸（Val）、亮氨酸（Leu）、异亮氨酸（Ile）、脯氨酸（Pro）、苯丙氨酸（Phe）、色氨酸（Trp）和蛋氨酸（Met）8 种]；极性氨基酸（亲水氨基酸）：极性不带电荷的氨基酸[如甘氨酸（Gly）、丝氨酸（Ser）、苏氨酸（Thr）、半胱氨酸（Cys）、酪氨酸（Tyr）、天冬酰胺（Asn）、谷氨酰胺（Gln）7 种]，极性带正电荷的氨基酸（碱性氨基酸）[如赖氨酸（Lys）、精氨酸（Arg）、组氨酸（His）3 种]，极性带负电荷的氨基酸（酸性氨基酸）[如天冬氨酸（Asp）、谷氨酸（Glu）2 种]。因此，在不同的 pH 环境下，这些蛋白质的结构单元将受到 pH 的影响呈现不同的电离状态和荷电状态。蛋白质种类多样，功能非常重要，功能的基础就是结构。功能蛋白质的结构由一级、二级、三级、四级构象构成，由于特殊的构象关系形成活性中心，发挥重要的功能，酶的催化功能就是构象关系的一种体现。研究表明，酶分子中氨基酸侧链有不同的化学组成和结构，有些是与酶的活性密切相关的必需基团。这些必需基团在一级结构（氨基酸顺序链）上可能相距很远，但在空间结构（二级、三级、四级构象）上彼此靠近，组成具有特定空间结构的区域，能和底物特异结合促进底物转化。该区域称为酶的活性中心，酶蛋白的多级构象尤其是二级、三级、四级构象是形成这种活性中心的结构基础。而二级、三级、四级构象在一定情况下，容易受到 pH 的影响，进而影响蛋白构象和功能。这种 pH 对蛋白质结构和功能的影响可能是深刻的，甚至是危险的。人体液 pH 必须维持在中性并保持基本稳定。因此，人体中存在对体液环境和胞内环境 pH 精确、及时的控制系统，常见的有以下四种：

（1）缓冲系统

人体内有多种缓冲系统，主要的如碳酸盐（H_2CO_3-$BHCO_3$）、磷酸盐（NaH_2PO_4-Na_2HPO_4）和血红蛋白、血浆蛋白系统等，其中以碳酸盐最为重要。

（2）肺的调节

代谢过程产生或释放的 H^+，与体液中的 HCO_3^- 产生 H_2CO_3，经血液循环传送，最终通过肺呼出 CO_2 以缓冲 H^+，维持酸碱平衡。如果有过多碱性的代谢成分出现，HCO_3^- 释放 H^+，中和其碱性；同时会放慢呼吸速度，在血液中积累 CO_2。H_2CO_3 与 CO_3^{2-} 形成更多的 HCO_3^-。物质转化过程大致如下。

$$H^+ + HCO_3^- \longrightarrow H_2CO_3 \longrightarrow H_2O + CO_2 \qquad (2\text{-}4)$$

$$H_2CO_3 + CO_3^{2-} \longrightarrow 2HCO_3^- \qquad (2-5)$$

$$OH^- + HCO_3^- \longrightarrow H_2O + CO_3^{2-} \qquad (2-6)$$

（3）肾脏调节

肾脏通过4种方法进行酸碱平衡的调节。

①NaHCO$_3$的再吸收。在正常情况下，与其他无机盐一样，血液中的NaHCO$_3$经肾小球滤出，在肾小管被再吸收。NaHCO$_3$的再吸收是通过Na$^+$与H$^+$的交换实现的。在肾小管的上皮细胞内，血液扩散进入的CO$_2$经碳酸酐酶的作用与H$_2$O结合成H$_2$CO$_3$，离解后产生H$^+$、HCO$_3^-$，其中的H$^+$与肾小管中的Na$^+$交换，实现NaHCO$_3$的再吸收。

②排泄可滴定酸。尿液中的可滴定酸主要为NaH$_2$PO$_4$-Na$_2$HPO$_4$缓冲组合。正常肾脏的远曲小管有酸化尿液的功能，是通过排泄H$^+$与Na$_2$HPO$_4$的Na$^+$交换产生NaH$_2$PO$_4$排出体外来完成。

③生成和排泄氨。肾远曲小管细胞能产生氨（NH$_3$），生成的NH$_3$弥散到肾小管滤液中与H$^+$结合成NH$_4^+$，再与滤液中的酸基结合成酸性铵盐〔NH$_4$Cl、NH$_4$H$_2$PO$_4$、(NH$_4$)$_2$SO$_4$等〕排出体外。肾脏通过这个机制来排出强酸基，起到调节血液酸碱度的作用。氨的排泄率与尿液中的H$^+$浓度成正比。NH$_4^+$与酸基结合成酸性的铵盐时，滤液中的Na$^+$、K$^+$等离子则被代替，与肾小管中的HCO$_3^-$结合成NaHCO$_3$、KHCO$_3$等被回收至血液中。每排泄一个NH$_3$，就带走滤液中的一个H$^+$，这样就可以促使肾小管细胞排泄H$^+$，也就增加了Na$^+$、K$^+$等的吸收。

④离子交换和排泄。肾脏的远曲小管同时排泄H$^+$和K$^+$。K$^+$和H$^+$与Na$^+$交换，如K$^+$排泄增加，H$^+$的排泄就减少，反之K$^+$排泄减少，H$^+$排泄就增加，肾脏通过这一交换机制来保持体液酸碱平衡的稳定。

（4）离子交换

除了上述3种调节酸碱平衡的机制以外，还有通过离子交换这一机制来调节的。HCO$_3^-$和Cl$^-$均透过细胞膜自由交换，当进入红细胞的HCO$_3^-$增多时（体内的酸性物质增加时），Cl$^-$即被置换而排出。HCO$_3^-$从红细胞排出增多时，Cl$^-$就进入红细胞进行交换。其他如Na$^+$、K$^+$、H$^+$等正离子除在肾小管进行交换外，在肌肉、骨骼细胞中也能根据体内酸碱反应的变化而进行交换调节。

体内酸碱平衡的调节，以体液缓冲系统的反应最迅速，几乎立即起反应。将强酸、强碱迅速转变为弱酸、弱碱，但只能起短暂的调节作用。肺的调节略缓慢，其反应较体液缓冲系统慢10～30 min。离子交换再慢些，于2 h后开始起作用。肾脏的调节开始最迟，往往需5 h以后，但其最为持久（可达数天），作用也最强。肺的调节作用也能维持较长时间。就是这样看似简单却又微妙的反应系统不仅保持着体液pH的稳定，还蕴含着对体液中其他物质的溶解、沉淀、运输和转化，影响着机体的健康。

"酸性体质的人多病，多重病。"酸性体质被商家说成是万病之源。客观地讲，或许在某些病例中出现过处于亚健康状态的人体液偏酸，但究竟是生病导致酸性体液，或者生病状态下有氧代谢减少或缺少运动导致酸性体液，还是酸性体液/体质导致生病呢？这里需要生理、病理等方面的专家提供证实办法和看法。这个问题自从被提出，很多专家学者投入力量进行了相关研究，但至今尚未给出令人信服的证据和准确的答案。

但如果酸性体质是不健康体质，那么改善酸性体质的方法是什么？是否可以通过饮用pH呈弱碱性的水来改善呢？水究竟是如何吸收的？吸收过程经历了什么？如果人体的pH可以如此简单地被喝下的一杯水改变，那么不是人体细胞太坚强，能适应pH的变动，就是人体太脆弱，抵抗不了一点酸碱的刺激。

从以下3点似乎可以找到一些答案。

首先，人体对体液pH有严格的要求和严密的控制，体液环境有重要的缓冲体系，如碳酸盐缓冲体系、蛋白缓冲体系和磷酸盐缓冲体系等。缓冲溶液是能在加入少量酸或碱和水时大大减少pH波动的溶液。pH缓冲系统对维持生物的正常pH和正常生理环境起到重要作用。血液的pH必须保持在一个很窄的范围内（正常人的血液pH为7.35～7.45），人才能正常生活。当pH低于7.35时会发生酸中毒，pH低于7.0会发生严重酸中毒，出现昏迷甚至死亡；当血液的pH高于7.45时会发生碱中毒，pH高于7.8就会发生严重碱中毒，出现手足抽搐甚至死亡。人体体液pH主要是由碳酸盐缓冲体系所决定的。机体代谢反应中形成的酸与碳酸氢盐形成碳酸，有效地除掉了游离的氢离子；碳酸分解出的CO_2能通过肺部排除，从而稳定了pH。碳酸盐缓冲对的比值为$HCO_3^-:CO_2=20:1$，根据这个比值计算，$pH=6.1+lg（20/1）=7.4$，则人体pH为7.40。

其次是从量上分析，假设人体接受pH=9.0的饮用水，每天饮水量为2 L，则

摄入机体的 OH^- 约为 2×10^{-9} mol。一个 70 kg 体重的人体体液约占 70%，体液质量约 49 kg。若以 2×10^{-9} mol OH^- 计算，即使没有缓冲、中和等损失，直接将这么点 NaOH 投入 49 L pH=7.40 的纯水中，水溶液的 pH 变化也很小。

最后是从分布上分析。人体是功能复杂、多器官协调工作的具备强适应能力的有机体。体液由于器官、组织、部位的不同，作用和功能不同，需要不同的 pH 环境。如口腔 pH 为中性、胃内 pH 为酸性、肠道 pH 为碱性，因此很难想象饮水提供的碱性物质能够统一调整这么复杂的 pH。

诚然，体液状况是营养状况、代谢状况、遗传状况等多因素共同作用的结果。饮食、营养状况在其中起着非常关键的作用。不同 pH 的水摄入体内，必然会产生一些影响，但对体液 pH 的影响不是很显著。在正常的饮食条件下，体液 pH 的变化显示的应该是新陈代谢的程度，尚未见到足够的证据证明体液的 pH 变化是饮水引起的。

上述只是饮用水 pH 对人体健康影响的分析，现在我们来看饮用水 pH 与水质的关系。

水中杂质的溶解能力以及反应能力大多受到 pH 的影响，只是有些是显著的，有些则不够显著或者是间接的。有些杂质转化过程中 pH 发挥着重要的作用。

用纯水配制的三氯乙酸溶液的初始质量浓度为 300 μg/L，在不同 pH 条件下，煮沸 1 min 后，溶液中三氯乙酸（TCAA）、一氯乙酸（MCAA）、乙酸（AA）、三氯甲烷（CF）和氯离子（Cl^-）等的变化情况如图 2-1 所示。

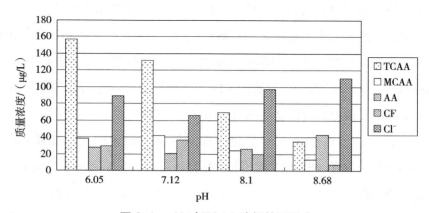

图 2-1 pH 对 TCAA 降解效果影响

加热煮沸导致三氯乙酸被分解，分解产物为 MCAA、AA、CF、Cl^- 等。当溶液呈中性或偏酸性（pH 为 7.12、6.05）时，TCAA 降解率在 50%～56%；pH 偏碱性时 TCAA 降解率明显提高，pH=8.68 时达到 88%。产物中 MCAA、CF 变化趋势基本与 TCAA 一致，其含量在中性及偏酸性时较高，偏碱性时降低。同时，AA、Cl^- 含量在中性及偏碱性（pH 为 7.12～8.68）时随 pH 上升逐步升高。

乙酸和氯离子对人体无害，是 TCAA 降解时的安全形态。本研究证明，中性偏碱条件对于 TCAA 的安全降解有促进作用。目前市场上广泛宣传的碱性水的保健作用在本研究中得到一定程度的印证。

pH 对水中常见的无机盐、有机物的溶解度有影响，对常见水中杂质的转化过程也有重要的影响。饮用水究竟是低 pH 更有利于健康，还是偏碱性更有利于健康仍有争议；pH 与其他水质指标或水中杂质的关系如何及相互影响等内容非常复杂。这方面的商业报道较多，但系统研究明显不足，结论往往缺乏依据，经不起推敲。上述内容均有待深入研究。

pH 这一指标可以反映出很多的问题，有些问题很基础，但同时也很复杂。这些问题通常容易被人们忽视，但其中蕴含着水化学领域和水质体系中很多基础问题的答案，应该引发更多、更本质的思考。

2. 水中的化学物质对人体健康的影响

水中含有丰富的化学成分，或对人体健康有益，或对人体有害，或者无益也无害（或许只是人们尚未发现其有益或有害的作用）。无论如何，水及其中的杂质奠定了机体运转和生存的物质基础和环境条件。水对人体健康的影响是人们非常关注的问题，相关文献非常多，有些是科学研究报告，有些是商业报道。所得出的结论也五花八门，有的危言耸听，有的旁敲侧击，有的以偏概全，有的似乎言之凿凿，让人真假难辨、无所适从。但必须注意的是，即使有些结论经过了实证和科学研究，有一定的事实依据，对待这些结论也应该保持理性。

首先，目前该类研究无一不是建立在某因素（如某种化学物质 Ca^{2+}、Fe^{3+}、$CHCl_3$、NO_2^- 等），在单独作用或者和少数几种物质联合作用基础上的研究结果，对于多种物质的联合效应的研究、实际效应的研究等仍然没有充分的进展。

其次，一些或者很多结论是基于动物实验、离体器官、离体组织甚至是培养细胞研究，存在物种差异和个体差异、离体条件和实体条件差异以及接触途径、接触剂量和代谢方式等方面的差异，其在实际人体中的作用（主要是低剂量接触，还有复杂的消化吸收过程，存在多重防御屏障）是否与上述实验一致，需要谨慎判断，还没有清晰的结论。这样的结论即使辅之以一定的流行病学调查数据，其真实性也有待反复考证，得出结论应该慎之又慎。

尽管现今研究水平确实存在局限，但通过实验结果结合流行病学调查的结果综合分析，依然可以为水质安全提供具备借鉴作用的依据。我们试图利用现有的研究结果和文献报道梳理水中化学物质对人体健康的影响，一方面考虑饮用水提供营养的可能；另一方面考虑水污染对健康的危害。

（1）水中营养物质

目前我们的饮用水水源主要有两种：地球表面的地表水，如河流、溪流和水库；储藏在地球表面以下的地下水，如井水和泉水。水流通过岩石、土壤和当地地层时矿物元素和金属元素溶入其中，包括钙、镁、铁、锰以及许多微量元素（如氟、锌、硒、镉、铅、铜和铬等）。

多种无机盐和微量元素是构成有机体组织的重要成分，具有重要的功能。据世界卫生组织认定，人体必需的矿物质和微量元素，有5%～20%是从水中获得的。一些研究人体生物水的专家已经形成了比较一致的看法："在饮用水中，矿物质必不可少"。它们维持并调节体内的渗透压和酸碱平衡，维持正常的生理活动，是体内活性物质（如酶、激素和抗体）的组成成分和激活剂，并且还有其他一些特殊功能。比如，某些酶不能独立发挥作用，需要某种或几种微量元素（包括锰、铜、硒、锌等）作为辅助因子才可以正常发挥酶的活性。有些学者将这些微量元素称为生命动力元素群，它们一方面是一种酶或几种酶的组成部分；另一方面还参与细胞内能量转化过程。比较一致的看法是，饮用水是微量元素的最佳载体；但只有符合自然规律和人的机体需要，科学合理地饮用含有既适合又适量的微量元素的水，才能强身健体。

对这个问题的研究论证至少要从以下几个方面着手。首先是一般的饮用水（自来水）中有多少种人体必需的营养元素，其存在形式有多少种、如何分布，也就是这些形态的物质含量各是多少。其次是营养物质的吸收率，也就是有效利用率是多少。无论是食物还是饮用水，营养物质含量再高，吸收率低的话对人体的作用也不大。最后是多种营养物质以各自的分布形态存在于水中时的联合效应如何。也就是说，多种营养物质在饮用水中以各种分子形态或离子形态存在，它们之间是否存在联合效应，是否会相互影响吸收率、作用效果等。

遗憾的是，对上述问题的研究尚不够充分，有些问题甚至仍无法找到合理、系统、有说服力的研究方法。本书就所查到的部分文献中的一些内容做初步分析。

组成人体的主要元素有碳、氢、氧、氮、磷、硫、钠、钾、钙、镁、氯11种，称为常量元素。11种常量元素按所需多少顺序递减为氧、碳、氢、氮、钙、磷、钾、硫、钠、氯、镁，前4种占人体质量的95%，其余约占人体质量的4%，另外，人体中尚有维持生命活动的"必需微量元素"，这些元素加和占人体质量的1%左右。这些微量元素包括铁、锌、锰、铬、钼、钴、硒、镍、铜、硅、氟、碘、锶等，在自然界的天然水中大多有所分布，饮用水被认为是补充这些元素的重要途径之一。微量元素虽然微量，但其作用是非常重要的，任何一种微量元素的缺乏都可能导致严重的后果。

1）水中常见营养元素

①钙、镁、钠、硬度。硬度可以说是水中多价阳离子的总称，一般用碳酸钙（美国度）或氧化钙（德国度）表示。硬度离子中最重要和普遍的是钙离子和镁离子。钠离子不属于硬度离子，但常用的软化水技术一般是把水中的硬度离子用钠离子交换，因而含钠成为常见软水（去离子水、蒸馏水等除外，因为这些水中的绝大多数金属离子被去除了）的一种特征。

在水的硬度中，最重要的一种元素是钙。一些研究认为，钙和镁都能降低心血管疾病发病率，只是镁起直接作用，钙起间接作用。硬度和心血管疾病发病率呈负相关，就是说经常饮用硬度较大的水的人群心血管疾病发病率明显低于长期饮用硬度小的水的人群，在一定范围内饮用硬度越大的水，心血管疾病的发病率越低。饮用水中的钙可以减少心脏病和中风的机理在于钙对血压的影响。一些研究发现钙的摄入量低导致血压升高；相反，如果通过饮食补充足够的钙，高血压病人的血压会得到降低。目前对钙降低血压的机理还不清楚，但有一点是清楚的，即钙对血管壁的肌肉细胞的收缩性有很大的影响。一个成年人每天钙的摄取量约为 700 mg，才能维持正常的代谢需要（根据性别、年龄的不同有所差异，50～60 岁的妇女摄取量应为 1 000～1 500 mg）。因此，我们假定每人每天饮水 2 L，水中钙的质量浓度为 50～150 mg/L，饮用水为人体提供的钙离子通常是人体必需量的 6.9%～43%。

通常的饮用水中钙离子占比较大，镁离子占比很低。镁的摄取量推荐值为成年男性每天约为350 mg，成年女性约为280 mg，以维持人体代谢的需要。按照每人每天饮水2 L，而每升水中镁的含量为6 mg（市场上供应的瓶装水，LBS天然矿泉水镁含量为6～8 mg/L，NFSQ天然饮用水中镁只有0.5 mg/L）。饮用水能提供的镁只占人体需要量的2%～4%（水还需生饮，如果加热烧开，水中的镁就会结碱沉淀，失去作用）。显然对于那些缺镁的人来说，饮水补镁没有实际意义。在我们的日常生活中，镁的摄取主要来自食物。在各种谷物、绿色蔬菜中都有丰富的镁。

很难确定饮用水所提供的元素是否足以对心血管疾病产生影响。通过饮水补充的钙只占身体每天需要量的一小部分。目前还不能确定饮用水提供的钙和镁是否足以减少血管肌肉的收缩并由此降低血压，减少心脑血管疾病的发病率，因此还需要进行更深入、严格的科学研究（在我国的一项调查研究中，就得出相反的结论，饮用水硬度高的地区心脑血管疾病发病率高于饮用水硬度低的地区）。

通常人们对钠的理解存在一定分歧，一些报道认为钠离子摄入过多会导致高血压，但另一些研究并不认同这样的说法。钠被认为是必须严格控制的元素，有些人甚至为了调控血压极度地减少食盐摄入量。钠离子具有收缩血管、促进胃肠蠕动、促进胆汁排泄、促进肌肉收缩等功能。与钾离子相似，钠离子在维持细胞内外电解质平衡中发挥着重要的作用。因此，是否可以用药剂软化或者离子交换的方式生产适宜饮用的软化水饱受争议，研究存在系统上的不足，目前尚无定论。

但的确有些研究指出，镁可以减少血管中脂质的沉积，同时有抗凝的能力可以阻止血栓形成，从而可以降低心血管疾病的发病率。此外，还有些报道指出同样可以致硬的某些微量元素［如钒（V）、锂（Li）、锰（Mn）、铬（Cr）等］对心血管疾病预防也有一定的作用。而软水（钙、镁含量低）中如果含有较高的镉（Cd）、铅（Pb）、铜（Cu）、锌（Zn）等有可能引发心血管疾病。一些实例报道似乎可以对此提供支持。英国于1969—1973年对全国心脏病发生和死亡率的区域特征研究证明，饮用软水地区的心血管疾病死亡率比饮用硬水的地区高10%～15%。英国Scunthrope和Grimshy饮用水硬度接近，心脏病死亡率相近。但当Scunthrope采用软化水技术处理饮用水几年后，心血管疾病的发病率骤增，Grimshy未做软化水处理，心血管疾病的发病率未见显著变化。

在研究关于硬度对饮水健康的影响时，首先，表观硬度实质上是水中多价阳离子的共同反应，各种阳离子的贡献取决于它们对测试硬度的方法（EDTA 滴定法）的响应程度，铁、锰、铜、镍、钴、铝都可能对此有贡献。其次，即使是以钙、镁为硬度的水，其钙、镁离子对人体作用的效果是否一致，有哪些区别？它们之间的比例如何产生对健康的影响？再次，水体成分非常复杂，其他成分未必一致或者接近，这些成分对研究结果产生的影响仍不为人知，研究起来也相当困难。最后，从元素吸收的角度来看，钙、镁离子属于常量元素，人体通过饮食摄入钙、镁离子充足的情况下，将有效地控制其他金属元素的吸收，这些金属元素既包括铅、汞、镉等重金属元素，也包括铜、锌等人体必需的微量元素。研究这种问题的难度非常大，因为即使上述问题都考虑到了，还有个重要的问题没有明确。水的硬度是否只是一种地区特征的表象，这里的地区特征其实还包含很多其他的东西。比如，物产、气候、饮食习惯、作息习惯等，这些都将对人体疾病产生重要的影响。如果考虑这些因素，硬度对人体健康的研究或许只能回到原点。因此，硬水对健康的影响是复杂的。但聊胜于无，目前的研究还是在一定程度上给我们一些似是而非的提示，硬度适当的饮用水对健康有益。

②铁。人体内的铁元素含量较低，总量只有 3.0～4.5 g，却发挥着不可替代的功能。人体需要的铁主要源于食物。估计日摄入量为 10～15 mg，人们从膳食中，如谷类、肉类、蔬菜、水果都能获得一定的铁。通过膳食可摄入 15～31.5 mg 的铁，已满足人体所需，一般不需要通过额外的方式进行补铁。从饮水中，也可能获得一定量的铁，但水中铁含量一般比较低，过多的铁会影响水的感官，或形成硬度等，一般会在水处理过程中去除。有些水处理过程中用铁盐或者铁的高分子聚合物做混凝剂，在混凝出水中可能出现铁残留。国家对此有具体规定，自来水铁残留量不得超过 0.3 mg/L。饮用水中含铁量为 0.03～0.3 mg/L，通过饮水摄入人体铁的量为 0.06～0.6 mg，占日需求量的 0.5%～5%，所以铁元素通常被认为主要是通过食物获得的。

③锌。锌是人体生长发育、生殖遗传、免疫、内分泌等重要生理过程必不可少的物质。锌被认为是促进儿童生长的关键元素，能促进生长发育。锌参与三大物质与核酸的代谢，是人体许多酶的组成成分或激活剂，尤其是 DNA 和 RNA 聚合酶，直接参与核蛋白的合成；对细胞分化、复制等生命过程产生影响，从而影响生长发育。锌参与多种酶的合成，是维持人体各种酶系统的必需成分，还是合成多种蛋白

质分子所必需的元素。锌能增强创伤组织再生能力，增强抵抗力，促进性机能。当人体缺锌时，可引起一系列的生理紊乱，生长繁殖、物质代谢、免疫系统、胃肠系统、视力和行为均受到影响。锌在人体的必需微量元素中含量仅次于铁，居第二位。正常成年人体内含锌量为 2～2.5 g，正常人每天需锌量为 10～14.5 mg，多从食物中获取。有时候锌可能出现在自来水中，有些自来水管、阀门等会有锌溶出进入水中。自来水中锌的含量为 0.009 mg/L，人体每日通过饮水摄入锌的量为 0.018 mg，占日摄取总量的 0.09%。

④硅。硅是人体所必需的微量元素，一般以偏硅酸形式存在于饮用水中，在水中溶解度很小。饮用水中偏硅酸的含量为 0.1～1.0 mg/L，偏硅酸易被人体吸收，能有效地维持人体的电解质平衡和生理机能，对人体心血管、骨骼生长等具有保健功能。硅是一种重要的结构元素，参与胶原蛋白及黏多糖的合成。硅是构成葡萄糖、氨基多糖等的主要成分。硅是一种重要的生物连接剂，它使多糖连接在蛋白质上，是形成结缔组织所必需的；可使结缔组织发展成为纤维成分结构，提高其强度和弹性，使胶原结构更完善。硅可保持弹性纤维和周围组织的完整性，从而具有降低动脉粥样硬化和斑块发生率的功能。硅是硫酸软骨素的重要成分，适量的硅有利于骨骼的钙化，可促进成骨作用。硅具有明显的抗衰老作用。人体的主动脉、皮肤、胸脉都含一定量的硅，随着年龄的增长硅含量显著下降，导致动脉血管、皮肤等老化，失去弹性。偏硅酸具有良好的软化血管的功能，可使人的血管壁保持弹性，故对动脉硬化、心血管和心脏疾病能起到明显的缓解作用。水中硅含量与心血管疾病病发率呈负相关。

⑤氟。氟是人体必需的微量元素，体内的浓度取决于外界环境状况。当环境中含氟量高时，特别是饮用水中含氟量高时，氟摄入量就多，环境缺氟时，体内也随之缺乏。人对氟的生理需要量为 1.5～3.0 mg/d。饮用水中的氟含量通常为 0.29～8.5 mg/L，一般认为每天饮用含氟化物质量浓度不超过 3 mg/L 的水不会造成健康危险。成年人在正常情况下，每天可从普通饮用水、饮食中获得生理所需的氟。由于从饮水所获得的氟绝大部分能够被吸收，因此饮用水中氟含量对人体内的氟含量有决定性作用。一般认为饮用水中含氟量在 0.5～1.0 mg/L 为适宜范围。当饮用水中含氟量为 1.5～2.0 mg/L 时，可能会出现斑釉齿而影响美观；而含量达到 3～6 mg/L 时，就会出现氟骨症。摄入氟量每日不超过 6 mg 时，氟不会在体内累积。

如果每人每日的需求量为 3 mg，通过饮用水进入人体的氟的量占需求量的 19.3%～66.7%。世界卫生组织建议饮用水中氟化物的标准是 1.5 mg/L。在美国，通常认为饮用水中氟化物最适宜的含量是 0.7～1.2 mg/L，美国的大多数城市在饮用水中添加氟化物以减少龋齿等缺氟疾病。

⑥其他元素。铜、硒、锰、铬等是人体必需的微量元素，对维护人体健康、器官正常发育和功能等非常重要；摄入不足或过量都会导致不良后果。这些元素在饮用水、地表水中含量通常较低；在某些地下水或有分布；在一些相关污废水中某些元素可能含量较高。饮用水并非主要摄入方式（表 2-2）。

表 2-2　通过饮用水摄入人体的营养元素

项目	日摄入量 / mg	饮用水中含量 / （mg/L）	饮用水摄入量 / mg	饮用水摄入比例 / %
Ca	700～1 500	50～150	100～300	6.9～43
Mg	320	0.5～5	1～10	0.31～3.12
Fe	12	0.03～0.3	0.06～0.6	0.5～5
Zn	15.5	0.009	0.018	0.09
Cu	2～3	0.009	0.018	0.6～0.9
K	1 875	0.2～2	0.4～4	0.02～0.21
I	150 μg	5～10 μg/L	10～20 μg	6.67～13.33
F	1.5～3	0.29～8.5	0.58～2	19.3～66.67
Se	40 μg	0.02 μg/L	0.04	0.1
Mn	9	0.006	0.012	0.13
B	20	0.1～1.0	0.2～2.0	2～10
偏硅酸	—	0.1～1.0	0.2～2.0	—

2）水中的有机营养物质

一般情况下，水中是存在一些有机物的，其中有些对人体有益，属于营养物质，如氨基酸等，有些有机物则属于污染成分，是饮用水处理中要去除的主要目标之一。水中天然有机物主要成分是腐殖质类有机物，以及一些生物代谢、自然降解的产物。由于人类社会活动的影响，水中有机物种类大幅增多。水中的有机物可按照形态和溶解性分为溶解性、胶体和悬浮有机物三类。悬浮有机物无论是固体颗粒还是液滴的形式，分散性相对较弱，容易从水中分离出来。胶体和溶解性有机物则分散性强，在水中长期稳定存在，且可能在更大范围迁移扩散。溶解性有机物可以和水中的金属离子等形成配合物，一种可能是产生沉淀，促进金属离子从水中分离出来；另一种可能是形成溶解性强的金属配合物，增加了金属离子在水中的溶解性和可迁移性，毒性也随之改变。

有机物对水质和水处理过程的影响主要表现：有机物造成水中混凝剂的需求量增大，导致混凝效果变差、投药量加大；在消毒过程中，有机物是重要的消毒副产物前驱物质；多数消毒副产物［如 HAAs、THMs、HNMs（卤代硝基甲烷）等］本身就是有机物；有机物的存在还导致饮用水生物稳定性变差，影响管网微生物污染控制效果。饮用水的控制指标中，对有机物有严格的规定。耗氧量（COD_{Mn}法，以 O_2 计）是衡量饮用水中有机物等还原性物质的综合性指标，还原性有机物构成耗氧的主体部分，因此耗氧量大致反映了有机物含量。《生活饮用水卫生标准》（GB 5749—2006）中规定耗氧量不得高于 3 mg/L；水源限制，原水耗氧量大于 6 mg/L 时，不高于 5 mg/L。GB 5749—2006 中没有规定饮用水中有机营养物质的含量。目前的水处理技术还不能对有机物进行有区别的去除，所采取的措施是不分有益与否尽可能去除所有的有机物以减少其对水质和水处理过程的负面影响。因此，饮用水中的有机物是被严格控制的，其中有机营养物质即使存在其含量也非常低，不足以起到明显的营养作用。

有些饮料会添加一些营养物质（如氨基酸、维生素、糖等），以增强饮料的功能和口感。

饮水是重要的机体营养物质的补充方式。人体必需物质（如必需微量元素、必需氨基酸等）以及其他营养物质主要来源是食物。水对于大多数营养物质而言，只是起到辅助作用。仅对于氟离子、钙离子、碘等少数元素而言，饮水是相对重要的摄入途径。然而需要重视的是，绝大多数营养物质的吸收是通过水作为媒介被吸收和利用的。因此消化后营养物质在水中的分散性及分散形态等对营养物质的吸收和有效利用至关重要。一般而言，食物中各种营养物质并不缺乏，但进食时这些营养物质所处的环境与饮水时的环境有显著的差别。食物进入消化道，多种食物成分及其消化、半消化产物连同消化液、消化酶等混合在一起，处于非常复杂的环境中。食物咀嚼细碎程度决定了食物与消化液、消化酶的接触程度，决定了食物消化程度，进而影响营养成分的吸收。此外，即使经过有效消化，一些重要的营养物质也可能被食物中的其他成分所控制，易于吸收的部分有限。比如，食物中的纤维素、草酸等与钙、镁、锌、铁等发生作用，形成不易溶解的沉淀物质，阻遏了它们的吸收和利用。这些问题就是摄入食物中营养物质并不缺乏，但人体仍可能缺乏某些营养物质的重要原因。饮水作为吸收营养物质途径存在其独特的优势。首先，水是优良的溶剂，可以溶解或者分散多种物质，绝大多数营养物质和微量元素可以稳定地分散在水中。其次，饮用水中可以有选择地添加一些营养物质，增强其营养补充功能。最后，水中矿物元素多数呈现离子状态，人体易于吸收，有效利用率高。此外，水中阻遏和控制营养元素吸收的物质含量少，或者可以有选择地控制其含量，因而其中营养物质更易吸收，补充成本低、效果好。通过饮水补充营养物质，尤其是微量元素和维生素等，与通过食物补充还有一个重要的差别是摄入能量物质少。一般不至于出现像食物补充那样，人体必需营养物质不一定得到有效的补充，但存在能量物质过度摄入的问题。其实，有很大部分的肥胖及心脑血管疾病的根源就在于此。人体对某些营养物质摄入不足造成体内必需营养物质的缺乏，因而产生对食物的内在需求和依赖，希望通过食物得到相关营养物质的补充。食物补充方式的特点和不足，以及某些人体消化、吸收方面的缺陷导致这些营养物质得不到有效吸收和利用，无法满足身体对其的内在需求，但能量物质过多地被摄入，从而导致肥胖等不良后果。改善水中的成分，强化饮水对营养物质尤其是某些微量元素的补充是非常重要的改善人体健康和生活质量的方式。

实质上，这样的物质补充方式与药物的主要摄入方式一致，已经被人类广泛应用，得到长期实际效果的验证。

饮水补充微量元素及其他营养物质，可以选择性地对某些人体通过食物吸收困难的物质进行有针对性的补充。然而，在饮用水中不适当地添加物质也会造成一定的问题。首先，水和食物的主要区别是水中影响物质吸收的干扰物质少，目标物质有效利用率高。这在一定范围内是通过饮水补充营养的优势，但可能带来某些物质过度添加或者过度摄入的问题。人体对多数营养物质的需求是有一定限度的，过少会造成营养缺乏，过多也可能产生危害。其次，对于多种物质因素联合作用对人体健康的影响一直以来都是人们关注的问题，但目前的科研水平仍未能充分揭示其中的规律。大多数研究是源于动物实验结合流行病调查等方面综合研究和推测，其真实性和准确性仍有待进一步证实。过度夸大某种物质（如微量元素、维生素等）对健康的作用是不切实际的，如果水中的营养物质不够均衡，搭配不合理，或某些物质过度添加，则同样可能被大量吸收，造成营养成分或某些微量元素摄入过多，带来危害。因此，通过水补充营养物质，应该因人而异，因时而异，视具体情况而定。

综上所述，通常饮用水中所含的人体必需的营养成分，无论是微量元素还是有机营养物质，大多不能满足每日摄入量的需求。以每人每天 2 L 计算，除钙、碘、氟等外，饮用水营养元素摄入量不足每日人体摄入量的 10%。饮用水中只有氟可能是人体氟的主要来源。况且，这些数据提供的只是人体通过饮用水对这些物质的摄入量，还未能找到有效利用率的数据。

由于现有研究水平和认识的不足，本书就一般饮用水中营养元素的含量做了初步分析，还未涉及存在形态和形态分布、联合作用对吸收利用率的影响，以及对生物效应的影响。这是一项艰巨的任务，至今科学家们并不能找到有说服力的研究方法，研究结论更是遥遥无期。但可以预知的是，如果考虑这些影响，水中营养元素的吸收利用率或许会产生某些上下波动。这种波动受到营养元素含量的限制，也就是元素含量决定了通过水摄入该元素的上限。因此一般而言，单靠饮水是无法满足人体对多种微量元素和营养物质的需求的，尽管通过饮水补充这些营养物质可能比通过食物补充更加有效。这提示我们可以利用冲剂、片剂等非饮水方式补充某些营养物质。

（2）水溶气体以及致嗅物质

1）水溶气体

水中分散有一定数量的气体，主要有氧气、二氧化碳、氨、硫化氢等。在饮用水范畴，有些公司对水中的气体特征进行强化，并大力推广。其中就有世界最著名的、销量第一的可口可乐。

溶解氧是天然水体水质最重要的指标之一，高溶解氧反映水中有机污染物少。因而一般认为天然水体中溶解氧较高的水质较好。但并不能简单地认为溶解氧高的水具有保健作用，饮用水中含氧量对人体健康的影响并不明确。高氧水多数是商品饮用水及制水设备的宣传内容，未见到足够的科学证据证明其效果。从水和氧的吸收方式分析，氧可以自由通过细胞膜，但不能证明饮用水中的溶解氧对人体有保健作用。很明显，人体对氧的需求量远大于高氧水所能提供的量。况且即使是高氧水一旦破坏密封的条件，饮用过程中其溶解氧量会快速降低，趋于常态溶解氧平衡的浓度。温度一定时，溶解氧和气相中的氧气遵循亨利定律。

$$C = \frac{p}{E}$$

式中，C 为溶解氧含量，p 为氧气在气相中的分压，E 为亨利常数。

可见高氧水只有在密闭的容器中才可能存在，一旦开封，高氧水中的溶解氧迅速降低至常态水平。进一步讲，水的主要吸收部位——消化道一般处于缺氧或厌氧状态。在这样的缺氧状态中维持着一定种类和数量的微生物（在肠道中）。这些微生物与人体和谐共处，发挥重要作用。如果真用高氧水改变了氧化还原状态，这些正常微生物将何去何从？它们对健康的促进作用还能维持吗？这样给人体带来的究竟是保健作用还是危害呢？似乎这些都不得而知。

二氧化碳（CO_2）常温下是一种无色无味、不可燃的气体，在水中溶解度为 1.45 g/L（25℃，100 kPa）。CO_2 被认为是空气中常见的和最重要的温室气体，有关碳排放和碳交易等环境保护的措施就是围绕 CO_2 展开的。在空气中二氧化碳正常情况下对人体并不造成危害，浓度过高的时候有可能造成窒息或酸中毒。

水与二氧化碳的反应非常重要。二氧化碳能与水反应形成碳酸：

$$CO_2 + H_2O \longleftrightarrow H_2CO_3 \tag{2-7}$$

由于碳酸很不稳定，容易分解：

$$H_2CO_3 \longleftrightarrow CO_2 + H_2O \tag{2-8}$$

向澄清的石灰水中加入二氧化碳，会使澄清的石灰水变浑浊，生成碳酸钙沉淀：

$$CO_2 + Ca(OH)_2 \longleftrightarrow CaCO_3 \downarrow + H_2O \tag{2-9}$$

如果二氧化碳过量会有：

$$CaCO_3 + CO_2 + H_2O \longleftrightarrow Ca(HCO_3)_2 \tag{2-10}$$

天然水体中，二氧化碳和碳酸盐体系共同维系水的 pH 缓冲系统。富营养化水体中 pH 的大幅波动，与水中二氧化碳浓度的变化存在密切关系。二氧化碳是水产养殖用水必须严格监控的杂质气体。此外，二氧化碳还是造成纯水 pH 偏低的主要原因。调整 pH 可以有效控制二氧化碳、碳酸、碳酸根、碳酸氢根在水中的比例。通常，碳酸盐体系是水中 pH 最重要的缓冲体系，对水质和水处理过程都有重要的影响。

二氧化碳是饮用水中应用最广的杂质气体，是碳酸饮料的主要添加剂。碳酸饮料（汽水）类产品是指在一定条件下充入二氧化碳气体的饮料。碳酸饮料和啤酒等的泡沫和刺激味道来自二氧化碳，不同压力的二氧化碳给饮料带来口感上的差异。饮料中含二氧化碳，能促进体内热气排出，产生清凉爽快的感觉，并有一定的杀菌功能。饮料中二氧化碳使用量取决于特定的口味和品牌。

2）致嗅物质

氨气（游离氨）和硫化氢等是水体有机物或水中其他杂质转化过程的产物，这些物质使水产生异味，甚至污染水资源。水体有机物尤其是底泥在厌氧发酵和氨基酸降解过程中产生氨气，硫酸盐等在厌氧条件下还原产生硫化氢等，形成浓重的臭味，水体展现黑臭特征。

异味是借助人的感觉器官（鼻、口和舌）而被感知的，它包括嗅觉和味觉两方面。这里讨论的是嗅觉异味。人们可借助嗅觉异味对自来水安全进行直观判断，因而嗅觉异味便成了人们评价饮用水质量最早的依据之一。以嗅觉异味作为水质恶化的感官指标，这是因为，让人产生排斥感。嗅觉异味是用户投诉饮用水质量的高发问题，因而嗅觉异味的来源、性质、危害及控制成为近年来饮用水处理研究的热点问题之一。嗅觉异味物质包括上述产生恶臭、异常气味的无机物，多种能产生嗅觉异味的有机物。水体中嗅觉异味来源主要分为两类：一类是自然发生的嗅觉异味，主要由水中生物如藻类、菌类引起的嗅觉异味；另一类是人为产生的嗅觉异味，主要有工业废水或生活污水直接排入水体所引起的嗅觉异味或水厂进行水处理时投加药剂所引起的嗅觉异味。目前，异味及导致异味的挥发性化合物被划分为 13 类，其中嗅觉异味占了 8 类，包括土霉味、油脂味、草木味、鱼腥味、烂菜味、腐败味、氯化物味及药味。其中土霉味是淡水水体中存在最广泛且最难闻的异味。硫化氢、氨氮以及某些有机致嗅物质本身对机体健康有负面影响；此外，硫化氢、氨氮等对其他污染物迁移转化以及毒性也有一定影响。

（3）水中的污染物

水的自然循环被社会循环干扰，不仅在水量和流向上受到影响，还对水质产生影响。人类生产、生活导致水中的污染物种类和浓度明显增加；同时局域水循环次数增多，对水质产生更严重的影响。

水中常见的污染物可以分为有机污染物和无机污染物两大类。以自来水（市政饮用水）为例介绍污染物的主要来源：

1）穿透自来水处理工艺后残余的污染物

水源水中含有的污染物在自来水处理工艺中大部分会得到一定程度的去除，但现有大规模水处理技术仍不能完全去除水中的污染物，因而市政饮用水中一般都存在一定量的残余污染物。不只是大规模水处理技术，就算是经家庭用小规模水处理技术处理后，也有一定量的残余污染物出现在出水之中，无论家用水处理器叫作纯水机，还是净水机，无论是哪个品牌。

残余有机物一般包括溶解性天然有机物，如腐殖酸、富里酸等；人工合成有机物，如挥发酚、阴离子洗涤剂等；持久性有机污染物、消毒副产物等。水中 TOC通常在 2 mg/L 以下，残余有机物含量比较低。但不同的水源、不同地区以及处理工艺控制上的差异将导致饮用水中有机物含量波动。

溶解性天然有机物通常自身并没有毒性，主要危害是消耗水中的溶解氧，影响其他污染物的迁移、转化和毒性，以及构成消毒副产物前驱物等。但人工合成有机物（例如酚类物质）有明确的毒性。酚是水中常见的有机污染物。《生活饮用水卫生标准》（GB 5749—2006）中规定挥发酚（以苯酚计）限值为 2 μg/L。酚是由羟基直接和苯的 sp2 杂化碳原子相连的分子，典型的酚类化合物就是苯酚。根据酚类化合物的沸点、挥发性和能否与水蒸气一起蒸出，分为挥发酚和不挥发酚。通常认为沸点在 230℃以下为挥发酚；沸点在 230℃以上为不挥发酚。酚类属高毒物质，为原生质毒，能使蛋白质凝固，有强烈的杀菌作用。人体可以通过皮肤、呼吸道和饮食摄入。酚可以通过皮肤引起全身中毒，酚溶液溅到皮肤上可引起急性中毒；长期吸入高浓度酚蒸汽或饮用酚污染的水可引起慢性积累性中毒。当水中酚含量达到 0.1～0.2 mg/L 时，鱼肉就会有异味；大于 5 mg/L 时，鱼就可能中毒死亡。含酚浓度高的废水会使农作物枯死或减产。酚的主要污染源有煤气洗涤、炼焦、合成氨、造纸、木材防腐和化工行业等产生的工业废水。天然水体对酚类物质自净能力差，加之局域水循环次数增多，增大了对酚类控制的迫切性。

残余无机污染物种类很多，《生活饮用水卫生标准》（GB 5749—2006）中所列的指标（如铝、砷、铬、汞、镉、铅等）就是典型的常见无机污染物。

饮用水中铝的来源主要有酸雨、酸雾导致土壤中铝元素的溶出，给水处理中用铝盐做混凝剂，输配水系统中混凝土管、水泥管等含有的铝元素溶解及采矿、冶炼行业含铝废水的排放等。饮用水中铝含量不得超过 0.2 mg/L［《生活饮用水卫生标准》（GB 5749—2006）］。

铝在自然界中含量丰富，生物体内含量却很少。铝在人体内总量约 100 mg，占人体质量的 0.000 1%。铝被人体摄入后，胃内的强酸性含酶消化液会将铝溶解并稳定均化。进入肠道（从十二指肠到小肠）后，铝的溶解度因快速中和反应而急剧降低。随着深入消化道管腔，pH 的升高和竞争性配位体与铝的反应都在很大程度上限制了人体对铝的吸收（吸收率仅约 0.1%）。而绝大部分铝形成难吸收的不溶性水解产物进入大肠，再经粪便和尿液等排出体外。被吸收的铝只有 1%~2% 在人的大脑、骨骼、肺部、部分淋巴腺体、肝、睾丸等处蓄积。如果铝摄入过多，则难以迅速排泄，从而对身体造成损害。蓄积在人体中的铝可结合多种蛋白质、酶和三磷酸腺苷等，干扰人体新陈代谢，导致人体某些功能的障碍和损害，严重时可能会引起疾病。据称，铝可在人体脑组织及神经元细胞内积累，损害记忆，减弱思维和判断能力，甚至导致神经麻痹。儿童铝摄入过多则易引起小头畸形、发育迟缓、肌张力下降、营养不良等症状。在一些神经纤维性病变、退化性脑变性症、老年性痴呆症等患者的脑组织内发现，其铝含量要高于正常人。过量摄入铝还会导致骨科疾病，如骨营养不良、骨质软化等。同时，铝对造血系统和心肌结构也有毒害作用，影响人体的新陈代谢。另外，铝对人体细胞和生殖细胞有致突变作用，还会阻止人体对磷的吸收，引起代谢紊乱，发生疾病。铝会抑制胃酸和胃液的分泌，降低胃蛋白酶的活性和甲状腺的亢进性（因此铝碳酸镁片被作为药物治疗胃病）。

砷在自然界中分布广泛，在地下水中含量可能更大。地下水中砷的污染一般来自岩石的风化淋溶。另外，化工、电镀、冶炼、矿业、垃圾填埋等行业所产生的废水中也含有大量的砷。水中砷主要通过食物链和直接饮用进入人体，所以砷污染导致的毒害通常被称为慢性饮水型砷中毒。

砷在自然水体中主要以亚砷酸盐（$NaAsO_2$）和砷酸盐（Na_2HAsO_4）的形式存在，或者以甲基化的砷化合物的形式存在。砷酸盐在氧化性的水体中含量较多，亚砷酸盐在还原性水体中较多。这两种盐的相对含量主要受氧化还原条件和一些吸附—解吸平衡过程的影响。亚砷酸盐类的 As^{3+} 氧化成砷酸盐 As^{5+} 的化学动力学过程相当缓慢，因此毒性更高的 As^{3+}（有些报道甚至称 As^{3+} 的毒性高出 As^{5+}60 倍）的迁移和富集备受关注。砷参与人体新陈代谢的甲基化过程可以用以下化学反应式表达：

$$H_3AsO_4+2H^++2e^- \longrightarrow H_3AsO_3+H_2O（还原作用）\qquad（2-11）$$

$$CH_3OH+H_3AsO_3 \longrightarrow CH_3AsO(OH)_2+H_2O（甲基化作用）\qquad（2-12）$$

$$CH_3AsO(OH)_2+CH_3^++e^- \longrightarrow (CH_3)_2AsO(OH)+H_2O（甲基化作用和还原作用）$$

$$（2-13）$$

$$(CH_3)_2AsO(OH)+3H^++4e^-+CH_3^+ \longrightarrow (CH_3)_3As+2H_2O（甲基化作用和还原作用）$$

$$（2-14）$$

大约 70% 的砷通过甲基化作用由尿液排出体外。砷在人体中的甲基化作用一方面抑制急性砷中毒的毒害效应；另一方面可诱发慢性砷中毒造成的癌症病变。砷中毒的作用机制是抑制细胞中巯基的呼吸酶，砷浓度过高则完全抑制细胞呼吸，从而引起细胞死亡，同时影响细胞遗传变异。

单质砷及砷的化合物具有很强的毒性，剧毒物质砒霜（As_2O_3）从古代起就广为人知。台湾地区的黑脚病也是由砷引起的。居民长期摄入含砷的饮用水，使微量砷在体内蓄积，引起对机体的长期慢性损害。砷会对神经系统、皮肤、动脉血管产生不良影响，易引发皮肤损伤（重者为皮肤癌）、眼病、心血管病及周围神经病变（影响儿童智力发育）。美国环境保护中心的研究表明，如果将饮用水中砷含量从 0.05 mg/L 减小到 0.002 mg/L，就可以使癌症发病率由 1.34% 降低到 0.01% 以下。

饮用水中去除砷的方法大致可分为化学沉淀法、物理法和微生物法 3 类。化学沉淀法是将水中的砷变为难溶性的盐，再过滤除去。离子交换、吸附、萃取、反渗透除砷则属于物理法。微生物法常用来处理高砷废水。目前，饮用水的常规除砷方法是混凝沉淀，该方法主要是通过混凝剂（如铝盐、铁盐）的强大吸附作用将砷吸附再过滤除去。该方法简便高效且无二次污染，但容易受实际处理水质的影响；吸附法是饮用水除砷的首选方法，是将具有高比表面积、不溶性的固体材料（如活性氧化铝、活性炭等）作为吸附剂，使水中的砷污染物被固定在吸附剂表面从而达到除砷的目的。该方法效果好，但是易造成二次污染且吸附剂作用时间长，费用高。生物除砷是利用生物体表面的羟基、氨基、羧基、巯基等功能键与水中的砷共价结合，使砷在生物体表面浓缩富集，再慢慢渗入细胞，通过生物体的新陈代谢而被去除。该方法除砷效果好、费用低，但生物除砷后，生物体的去向要严格控制。膜分离技术是利用高分子或无机半透膜的传质选择性实现除砷目的的（如反渗透、微滤等）。该方法效果好，价格较高，适用于对水质要求高以及规模小的饮用水处理。离子交换、活性氧化铝、反渗透、改性混凝过滤、改性石灰软化、氧化／过滤被美国环境保护局（USEPA）视为最佳可行技术（2001）。氧化铁覆膜砂、锰砂滤池、铁屑、改性铁和颗粒氢氧化铁被 USEPA 认为是公认的除砷技术。

铬是人体的必需元素之一，可参与人体糖代谢和脂质代谢。通常情况下，三价铬［Cr（Ⅲ）］可以被人体利用，而过多摄入六价铬［Cr（Ⅵ）］可能致癌、致突变。六价铬大多源于工业废弃物泄漏和电镀、印染、材料、化工等工业废水排放。

由于可与环境中的有机物质反应，六价铬在自然界中很不稳定。多数地表水中铬含量为 1～10 μg/L，而地下水中铬的质量浓度较低（＜1 μg/L）。加拿大的饮用水调查显示，其饮用水系统中铬的平均中间水平为 2 μg/L，最大值为 14 μg/L（原水）。《生活饮用水卫生标准》（GB 5749—2006）规定饮用水中六价铬的质量浓度不能超过 0.05 mg/L。

铬可以与水中的 Cl^-、SO_4^{2-}、HCO_3^- 等配位体络合，以溶解状态在水中富集，在中性或弱碱性氧化环境中迁移能力强。人体摄入六价铬后，胃肠道中内源性液体或者其他有机物质与其反应，在细胞外将其还原为三价铬。六价铬还可以利用非选择性硫酸和磷酸盐通道透过细胞膜，在细胞内通过酶或者非酶的途径，还原为三价铬，该过程中产生的中间体及氧自由基对 DNA 有损伤。六价铬被人体摄入后主要分布于肝、肾、脾及骨骼部位。

六价铬对人体有很强的毒性，可以使蛋白质变性、核酸和核蛋白发生沉淀，干扰酶系统。长期饮用超标的含六价铬的水会造成中枢神经系统的伤害。六价铬氧化性强，对皮肤有高渗透性，刺激、腐蚀皮肤黏膜及消化系统，能损伤人体肾脏和心肌甚至致癌。

去除六价铬的方法有很多，传统的混凝沉淀法适用 pH 较高的水体，但是易产生大量污泥。离子交换法是利用离子交换树脂将六价铬去除。化学还原沉淀方法原理是利用除铬药剂将六价铬还原成三价铬并形成沉淀分离出来，铁盐是较好的除铬剂。活性炭吸附法利用活性炭具有比表面积大、吸附特性好的特点，将水中过量的 Cr^{6+} 去除。膜分离方法是通过外加电场或外加压力，利用物理膜将水中的离子予以分离，主要包括电渗析法和反渗透法。

汞是自然界广泛存在的元素之一，能在人体内蓄积，长期摄入可引起慢性中毒。汞污染源于采矿冶金、废物处置、农药残余和塑料、电池、仪表、杀菌剂等化工产品的生产。

天然水中汞的含量很少，主要以无机汞的形式存在。一般引发水体汞污染的是汞的化合物，如氯化亚汞、硫酸汞、硝酸汞、次氯酸汞和各种烷基汞。环境中的汞可以通过化学甲基化和生物甲基化的作用转变为甲基汞。甲基汞毒性高，且易富集和放大，危害极大。20 世纪发生在日本的"水俣病"就是由甲基汞引起的。汞在被人体摄入的初期，在各组织中的分布大致平衡，经过几小时后向肾脏集中，所以体内汞的主要蓄积部位是在肾脏，主要以尿汞的形式排出体外。

人体大量吸入和接触汞，会破坏细胞内酶系统蛋白质巯基，造成肝脏、肾脏、胃肠道和神经系统的损伤。严重的可产生小脑性共济失调、失明甚至死亡。汞离子还会干扰人皮肤内的酪氨酸变成黑色素的过程。

汞的去除方法主要有吸附法、离子交换法、化学沉淀法等。吸附法主要是依靠活性炭、沸石、硅藻土等吸附材料吸附水中的汞。该方法反应迅速、高效，无须添加其他药剂，但其缺点是吸附材料寿命短，价格高。离子交换法是利用树脂中含有的活性基团（如氨基、羟基等）与汞离子进行螯合、交换而去除的方法。该方法交换容量大、选择性高，交换树脂可通过再生重复使用，适用于小规模水处理。例如，弱碱阴离子交换树脂通过表面络合作用能有效去除饮用水中的 Hg^{2+}，且对 Hg^{2+} 具有很好的选择性。化学沉淀法是向水中投加药剂，使溶解状态的汞转变为不溶于水的化合物而沉淀去除的方法。当原水 pH 大于 10.5 时，利用铁盐作为混凝剂的化学沉淀法可有效降低汞的浓度至国家标准限值以下，但是容易产生废渣等二次污染，需要妥善处置。

镉在天然水中含量很低，不超过 10 μg/L，主要以二价镉离子的形式存在。一般饮用水中镉含量低于 1 μg/L。自然水体中镉的来源是地表受到风化侵蚀再经雨水径流进入水体。镉污染通常源于陶瓷、印染、农药、油漆、化纤、电镀、矿石开采、金属冶炼等行业污水的泄漏或误排。另外，配水系统中含有镉焊料的水龙头、水加热器等也会造成饮用水的镉污染。

除硫化镉外，其他镉的化合物均能溶于水。水体中的镉可生成 $CdOH^+$、$Cd(OH)_2$、$HCdO_2^-$、CdO_2^{2-} 等可溶性化合物，其溶解度受到天然水体中碳酸根或羟基浓度的影响。镉一般通过呼吸道和消化道进入人体后，在肝、肾等脏器组织中蓄积并造成损伤。长期摄入低剂量的镉会引起慢性镉中毒。镉可导致骨质疏松和骨质软化，日本富山县发生的"骨痛病"是镉污染的典型例子。"骨痛病"的患者骨骼变形，身高缩短，骨骼疼痛难忍，甚至呼吸困难。后来的研究证实其病因就是当地居民长期饮用受镉污染的河水，并食用此水灌溉的含镉稻米，致使镉在体内蓄积而造成肾损害，进而导致骨痛症。可溶性镉化合物对体内巯基酶系统有抑制作用（抑制酶的活性和生理功能），干扰组织代谢并对局部组织细胞有损伤，容易引发炎症和水肿；蓄积在肝、肾中的镉能导致肾损坏、肾结石、肝损伤及贫血等。此外，镉还导致高血压、嗅觉减退甚至丧失等病症。镉的生物半衰期很长，研究报道为 10～30 年。因此镉具有高稳定性、难降解性、高蓄积性等特点，主要通过直接污染水源水和食物链的生物富集危害人类健康。因而在饮用水中被严格控制。美国《饮用水水质标准》规定，镉的最高污染限值为 0.005 mg/L。我国《生活饮用水卫生标准》（GB 5749—2006）也规定，水质常规指标中镉的限值为 0.005 mg/L。

饮用水水源中镉的去除方法主要有强化混凝法、吸附法、化学沉淀法等。化学沉淀法是向水中投加阴离子药剂，与镉离子形成沉淀，从而将其去除的方法。应用最广泛的沉淀剂是氢氧化钙。该方法过程简单、除镉效果好、药剂来源广泛且成本低，但需反复调节水的 pH，药剂投量加大，使其应用受到限制。强化混凝法是通过加沉淀剂 [如 NaOH、$Ca(OH)_2$、$NaCO_3$ 或 Na_2S]，使镉离子转化为相应的沉淀，然后加混凝剂经固液分离工艺将其去除。该方法是一种较成熟的去除饮用水水源中微量镉的技术，其除镉效果好、操作简便、成本较低；但如需反复投加酸、碱，会使成本升高、负荷加重。吸附法是通过吸附剂（如活性炭、金属氧化物、生物吸附剂等）去除水中镉离子的方法，该方法简单、经济、有效，适用于各种浓度含镉水的处理；其缺点是选择性差、产泥量大，吸附平衡时间长。

饮用水中含有微量的铅，水中铅的含量受到水源、水质、输水管道材质及水在水管内停留时间的影响。饮用水中的铅一般有两个来源：一是土壤、岩石、河流和大气沉降；二是含铅的输水管道。酸雨降低了城市或工业区饮用水的 pH，从而将含铅水管中的铅溶解出来，引起铅污染。另外，含铅农药的使用及含铅工业废水、废渣的排放也会引起饮用水源铅污染。

据说，我国古代修炼的"仙丹"其实就是铅的氧化物。据历史记载，唐朝就有多位皇帝因服"丹药"而死。另外，由于过度使用含铅器皿，影响古罗马贵族的神经及生殖系统，从而使得罗马帝国迅速走向衰败，可见铅的毒性之强。铅进入人体后，成人吸收 11%，儿童吸收 30%～75%，可见铅对儿童的毒害性更强。铅可在人体内蓄积，不易排出。铅可与酶中的巯基结合，破坏酶的作用，还能损坏细胞膜，与蛋白质、氨基酸的官能团结合，从而干扰人体内多种生理活动。铅对人体有很高的毒性，而且是一种潜在的致癌物。铅中毒可损伤多种脏器，对人体的神经、血液、消化、泌尿、生殖、内分泌、免疫等系统均有毒害作用。轻者表现为腹泻、食欲不振、头晕疲乏、记忆力减退，重者表现为贫血甚至损伤儿童的大脑细胞。胎儿、婴儿及儿童对环境中的铅比成人更为敏感。多动症和抽动症（或称双动症）是儿童铅中毒的重要症状；成年人摄入过量的铅则容易引发高血压和肾脏问题。据报道，当饮水中的铅含量为 0.1 mg/L 时即可引起儿童血铅浓度超标。《生活饮用水卫生标准》（GB 5749—2006）中 Pb 的限量为 0.01 mg/L。

饮用水水源中的微量铅多采用强化混凝的方法去除，强化混凝就是先将可溶性的 Pb^{2+} 转化为沉淀或不溶性的铅盐，然后通过混凝过程将其去除。混凝剂主要有聚合氯化铝、聚合硫酸铁、高锰酸钾及其复合药剂、高铁酸盐及其复合药剂等。该方法能够有效去除微污染原水中的微量铅，但要注意控制水体的 pH。另外，通过对溶解态金属铅的吸附、裹夹、网捕及共沉淀作用，较低投量的水合二氧化锰也可以很好地去除水中的铅。可见，原水中的铅容易被去除。但管道中溶出的铅缺乏有效控制容易进入饮用水。日常生活中避免铅中毒的办法是使用无铅的水管和水龙头等供水材料，尽量少用或不用含铅的油漆和涂料，避免使用颜色鲜艳的彩釉、陶瓷餐具等。

对于上述多数金属离子进行污染物质控制，选用化学沉淀或者混凝沉淀的方法是比较经济的做法，但必须考虑底泥的处理，避免产生次生污染。

水中的无机阴离子常见的有硫酸根、氯离子、硝酸根离子、亚硝酸根离子、碳酸根离子和重碳酸根离子等。饮用水中硫酸根、氯化物等浓度过高时，会使水产生令人厌恶的味道，在饮用水中应加以限制。《生活饮用水卫生标准》（GB 5749—

2006）中规定硫酸盐和氯化物限值都是 250 mg/L。硝酸盐和亚硝酸盐中的阴离子是被重点控制的阴离子。

　　尽管中国和美国均未将硝酸盐和亚硝酸盐认定为致癌物，但还是制定了针对硝酸盐和亚硝酸盐的水质标准。饮用水中的硝酸盐导致的健康损害一般都和其还原为亚硝酸盐有关，主要出现的两种危害包括高铁血红蛋白症和潜在的致癌毒性。硝酸盐是水中化合氮降解转化的自然产物，当然也有可能来自某些矿物溶解。每升饮用水中的硝酸盐含量为几至几十毫克，国家标准规定生活饮用水硝酸盐标准为小于 10 mgN/L，地下水源小于 20 mgN/L。一般认为硝酸盐自身对人体并不产生直接损害作用，但硝酸盐在唾液和消化道中可能被还原为亚硝酸盐，进而可能形成亚硝胺。这种危害在婴儿体内发生的可能性远大于成人，因为婴儿上消化道比成人的更加偏碱性，更容易形成亚硝酸盐及亚硝胺。亚硝酸能将血红蛋白氧化成高铁血红蛋白，使其不能在血液中作为运输氧的载体，可能导致患者缺氧甚至死亡。天然水中亚硝酸盐的含量一般较低，不至于形成危害；除非受到污染或者处于局部缺氧的条件下，但是即使是在缺氧的条件下也不会形成较大的危害，因为在有机物丰富、微生物活跃的水中，亚硝酸盐会被转化为氮气，因而也不会积累到很高的浓度。

　　值得注意的是，在自来水管网、用水过程中可能引起亚硝酸盐含量升高，带来危害。已经有研究提到了供水管网中亚硝酸盐含量升高和管网材质有关。国内供水管道多为球墨铸铁管和镀锌钢管。和铸铁管相比，镀锌管亚硝酸盐增量大，不锈钢管的亚硝酸盐增量小。镀锌管中亚硝酸盐含量上升的原因被解释为水中存在硝酸盐时和水管壁中的锌作用，转化为亚硝酸盐。新管的亚硝酸盐增量明显多于旧管，说明旧水管已钝化，还原作用不显著。在日常生活中，清晨水管初放水中的亚硝酸盐含量高出其在常流动水中的含量，说明亚硝酸盐的污染并非饮用水本身，而是因为水在管网中滞留使得亚硝酸盐含量上升。

　　另一点值得重视的是，随着人们对氯气消毒过程中氯代消毒副产物危害的认识，控制氯代消毒副产物的方法和替代氯气的消毒剂被越来越广泛地应用。其中氯胺法是应用最多的一种方法。前期一些研究认为氯胺可以有效降低氯代消毒副产物的生成，并有助于管网消毒剂的维持。但氯胺应用的推广随后也出现了一系列其他问题，管网硝化现象就是其中之一。由于氯胺在水中的消耗和分解，使得采用氯胺消毒的水中存在一定浓度的氨。水中的氨氧化菌能够将氨氧化成亚硝酸盐，并在某些条件下造成亚硝酸盐的累积。亚硝酸盐还可能与水中的氯或氯胺反应，降低水中消毒剂浓度，削弱其消毒效果，为供水管网中异养菌的繁殖提供可能。此外，不完全的硝化作用还会加快管壁的腐蚀过程，降低水的碱度和溶解氧含量。更为重要的是，硝化反应一旦发生，即使投加大量的消毒剂也很难达到对硝化作用的控制。目前，在我国使用氯胺消毒或水源水中氨氮含量较高的一些城市管网中存在着不同程度的硝化现象。因此居民尽量不要饮用长期滞留在管道里的水，早晨如果要用水，最好先把水管中的水放一段时间再取水做饭或饮用。从另一个角度来看，硝化作用的发生一般不是单纯的化学过程，而是生物化学过程。其中的主要参与者之一就是微生物，也就是氨氧化细菌。如果水网消毒做得彻底，消灭氨氧化细菌，硝化过程也就没有启动的可能。

针对烧开水导致亚硝酸盐升高的说法，学界并未形成统一结论。产生矛盾结论的原因可能首先是自来水水质本身的问题：自来水水源不同可能导致在硝酸盐转化为亚硝酸盐时产生差异；其次是研究系统的差别，研究过程中容器、加热方法、测定方法等的差异会导致不同的结果。亚硝酸盐是不会凭空产生的，一般是由水中原有的硝酸盐（或氨氮）在一定条件下转化而来。一般来说，饮用水中亚硝酸盐增加的可能来源有3个：其一，反复煮开的水蒸发浓缩，亚硝酸盐浓度增加（总量并不增加）；其二，开水放置较长时间并被细菌污染，细菌使硝酸盐还原为亚硝酸盐（这与反复煮开无关）；其三，硝酸盐转化成亚硝酸盐。

为验证上述过程的可能性，用玻璃烧杯进行自来水（含硝酸盐 $1.010 \sim 1.048$ mg/L，亚硝酸盐 <0.001 mg/L）煮沸实验研究。结果表明，自来水加热到沸腾过程中亚硝酸盐含量变化甚微；在煮沸 $0 \sim 30$ min，也未测试到亚硝酸盐含量的明显变化；整个加热到煮沸 30 min 的过程中，亚硝酸盐含量（$0.001 \sim 0.001\ 872$ mg/L）始终保持在 0.002 mg/L 以下。在水烧开的过程中，水中的溶解氧剧烈变化，快速降低，但并未检测到溶解氧缺乏导致硝酸盐转化为亚硝酸盐的结果（图 2-2）。

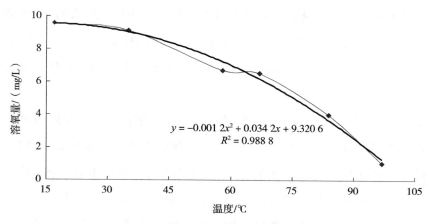

图 2-2　饮用水中溶解氧随温度的变化

上述研究表明，自来水煮沸过程中溶解氧下降导致硝酸盐转化为亚硝酸盐的情况并未出现或并不明显。水中的氮以离子态的氮为主，包括 NO_3^-、NO_2^- 和氨氮，还有以溶解气体状态存在的 N_2、NH_3 和 N_2O 等，以及有机质中的有机态氮。从化学特性来看，亚硝酸盐既有氧化性又有还原性。氮的化合物的氧化还原电位如下所示：

酸性介质（ ϕ_A^θ/V ）：

$$NO_3^- \xrightarrow{0.803} N_2O_4 \xrightarrow{1.07} HNO_2 \xrightarrow{0.996} NO \xrightarrow{1.59} N_2O \xrightarrow{1.77} N_2 \xrightarrow{-1.87}$$

$$NH_3OH^+ \xrightarrow{1.44} N_2H_5^+ \xrightarrow{1.275} NH_4^+ \qquad (2\text{-}15)$$

碱性介质（ ϕ_B^θ/V ）：

$$NO_3 \xrightarrow{-0.86} N_2O_4 \xrightarrow{0.876} NO_2^- \xrightarrow{0.46} NO \xrightarrow{0.76} N_2O \xrightarrow{0.94} N_2 \xrightarrow{-3.04}$$

$$NH_2OH \xrightarrow{0.73} N_2H_4 \xrightarrow{0.1} NH_3 \qquad (2\text{-}16)$$

由电势图可知，在酸性介质中 NO_3^- 和 NO_2^- ϕ^θ 值都较大，均为强氧化剂。而在碱性介质中，NO_2^- 和 NO_3^- 的氧化性和还原性相当。因此不能简单地认为在煮沸水的过程中因溶解氧下降导致硝酸盐还原为亚硝酸盐。

据报道，用铜壶和铝壶同时烧开自来水后，铜壶水中亚硝酸盐含量是铝壶水的 2.45 倍，两者有显著性差异。另有报道，铝质容器可使硝酸盐转化为亚硝酸盐，不锈钢的容器转化效果甚微。因此就目前研究报告而言，烧开水过程中导致硝酸盐转化为亚硝酸盐可能性不大；亚硝酸盐的产生或与烧水容器有关，一般情况下尽量少使用铝质和铜质容器。从氧化还原电位的分析和一些较为严谨的研究结果来看，亚硝酸盐和硝酸盐之间的转化更多地来自生物催化的反应，有氨氮参与形成亚硝酸、硝酸盐的反应。因此，控制微生物数量对控制硝酸盐和亚硝酸盐数量有重要的意义。

可见，"千滚水"含大量亚硝酸盐的说法是没有依据的。但我们必须考虑家用水处理器中亚硝酸盐产生的其他途径：其一，保温壶中的热水长期放置五六天后，温度下降，细菌可能滋生。在细菌作用下，亚硝酸盐含量可能会大增。其二，目前市场上销售的有胆饮水机，靠着热胆对水进行加热，而热胆的材质又多为不锈钢或铝壳，如果反复加热，水中的铁、铝、铵等含量会明显升高，亚硝酸盐可能被浓缩。

2）水处理工艺中添加的物质、反应产物和有机消毒副产物等

水处理中一般要添加的药剂有氧化剂、混凝剂、助凝剂、pH调节剂、消毒剂等。这些物质在水中使用后，其药剂残余以及药剂在水中反应后的物质可能对水质产生负面影响。《生活饮用水卫生标准》（GB 5749—2006）中对水处理剂及其残留有严格的限制，主要体现在溴酸盐（使用臭氧时）0.01 mg/L、甲醛（使用臭氧时）0.9 mg/L、亚氯酸盐（使用二氧化氯消毒时）0.7 mg/L、氯酸盐（使用复合二氧化氯消毒时）0.7 mg/L、铝 0.2 mg/L、氯气及游离氯制剂（游离氯）至少接触 30 min 出厂水中限值 4 mg/L，出厂水中余氯≥0.3 mg/L，管网末梢余氯≥0.05 mg/L 等。此外，还在水质非常规指标中规定了氯化氰、一氯二溴甲烷、二氯一溴甲烷、二氯乙酸、1,2-二氯乙烷、二氯甲烷、三卤甲烷（三氯甲烷、一氯二溴甲烷、二氯一溴甲烷、三溴甲烷的总和）、1,1,1-三氯乙烷、三氯乙酸、三氯乙醛、2,4,6-三氯酚、三溴甲烷等的限值。

自 1974 年发现氯化消毒副产物具有致突变性、致癌性以来，饮用水消毒副产物可能造成的问题引起了人们的关注。人体可通过多种途径直接接触消毒副产物，如饮水、洗浴、游泳等，进而影响人体健康（表 2-3）。

最常见的消毒副产物中，HAAs 致癌风险远大于 THMs，且 HAAs 属非挥发性有机物，所以对人类引起致癌风险的氯化消毒副产物主要是二氯乙酸、三氯乙酸。USEPA 长期致癌实验研究报告指出，二氯乙酸可分别导致大鼠和小鼠肝癌（表 2-4）。

表 2-3 氯消毒产生的各种消毒副产物

种类	化合物
三卤甲烷（THMs）	氯仿（TCM）、溴仿（TBM）、一溴二氯甲烷（BDCM）、二溴一氯甲烷（DBCM）
卤乙酸（HAAs）	一氯乙酸（MCAA）、二氯乙酸（DCAA）、三氯乙酸（TCAA）、一溴乙酸（MBAA）、二溴乙酸（DBAA）、三溴乙酸（TBAA）、溴氯乙酸（BCAA）
卤乙腈（HANs）	二氯乙腈（DCAN）、三氯乙腈（TCAN）、溴氯乙腈（BCAN）、三溴乙腈（DBAN）
卤代酮类（HKs）	二氯丙酮（DCP）、三氯丙酮（TCP）
卤乙醛	氯乙醛、水合氯醛（CH）
卤代羟基呋喃酮（MX）	3-氯-4-二氯甲基-5羟基-2（5氢）-呋喃酮（MX）及其类似物
卤硝基甲烷	三氯硝基甲烷、氯化苦（CP）

表 2-4 常见 DBPs 的毒性

DBPs 类别	化合物	毒性等级	毒害作用
三卤甲烷	三氯甲烷	B2	肝肾肿瘤、生殖系统影响
	二溴一氯甲烷	C	神经系统、肝、肾和生殖系统的影响
	一溴二氯甲烷	B2	肝肾肿瘤、生殖系统
	三溴甲烷	B2	肿瘤、神经系统、肝、肾
卤代乙腈	三氯乙腈	C	致癌、致突变、致畸作用
卤代醛	甲醛	B1	致突变
卤代酚	2-氯酚	D	致癌
卤代酸	二氯乙酸	B2	致癌、生殖发育的影响
	三氯乙酸	C	肝、肾、脾脏和发育的影响
无机盐	溴酸盐	B2	致癌
	氯酸盐	D	生殖发育

注：A：人类致癌物（根据流行病学证据）；B1：很可能的人类致癌物（根据流行病学证据）；B2：很可能的人类致癌物（充足的实验室证据）；C：可能的人类致癌物；D：未分类。

为控制消毒副产物，消毒剂和消毒方法的替代被广泛研究。但此消彼长，不同的消毒方法或者消毒剂可能产生不同的消毒副产物。

国内常用的混凝剂为铝盐或者聚合铝盐，其有效成分就是铝。沉后水中出现铝残留属于正常现象，但人们对铝引发的生理作用及其健康影响仍然处于研究之中，未得到更加有力的证据。但我国还是对铝做了限定，即饮用水铝含量不得超过0.2 mg/L［《生活饮用水卫生标准》（GB 5749—2006）］。

人体中铝的来源说法不一，有些认为是食品中来的，有些则认为来自饮用水。铝制餐具在烹调过程中可能有一定量的铝溶入食物。不只铝制炊具中的铝元素在烹调过程中可能被溶出，生活中许多食品中的铝含量可能比铝制炊具溶出的含铝量还要高，而且以更直接的方式进入消费者的饮食。在西点类食品的制作中经常被使用的膨松剂也有部分含铝。2009年5月，香港食物安全中心公布市面7类共256个食物样本检测结果，发现97%的食物样本含铝。其中蒸包、蒸糕等食物，每千克含铝添加剂100~320 mg；烘焙食品松饼每千克含铝250 mg；海蜇皮的铝含量最高，每千克含铝1 200 mg。相较之下，人们通过饮用水摄入体内的铝就显得微不足道。每天每人饮用水一般不超过2 L，以2 L计算，如果饮用水质合格的饮用水，则铝含量小于0.2 mg/L，总摄入量小于0.4 mg，远远小于食物中的铝含量。

水中铝含量过高时，可优化水处理工艺，调整混凝剂，降低出水中余铝含量。通常的方法是改变混凝剂种类，控制投量和改变pH条件等，比如，采用更高的pH，或者选用无机高分子聚合铝作为混凝剂。合理使用聚合氯化铝铁也可有效地降低出水中的铝离子含量。

水处理药剂导致的产品水药剂残留、中间代谢物等二次污染物对水质将产生复杂的影响，因而水处理药剂的研发需要从效果、投量、残留、次级污染、毒性、成本等多角度优化设计，减少引发的危害。

3）管网和二次供水中形成的二次污染物

我国大城市的输配水主管道许多是20世纪五六十年代安装配备的。经过半个多世纪的氧化和腐蚀，由于物理、化学、电化学、微生物等的作用，在给水管道的内壁会逐渐形成不规则的"生长环"，且随着管龄的增长而不断增厚，使得过水断面面积减小、输水能力降低并严重污染水质；加之城市自来水管网年久失修，维护管理不力，管网渗漏高达20%以上，甚至40%，因此可能造成二次污染，饮用水的安全性堪忧。

二次供水是指用户将城市公共供水或自建设施供水经储存、加压，通过管道再供用户或自用的形式。二次供水是高层供水的主要方式。二次供水设施是否按规定建设、设计直接关系到二次供水水质、水压和供水安全，与人民群众正常稳定的生活密切相关。但是，过去在全国尚未有一个完整的针对二次供水工程的技术标准，只是在《建筑给水排水设计标准》（GB 50015—2019）相关章节中提出部分要求。随着高层建筑数量迅速增加，二次供水造成的污染非常普遍。

低层建筑是由自来水厂通过管道直接供水，而高层建筑供水设施需通过二次供水设施才能获得。二次供水设施包括高低位水箱、水泵、输水管道等设施。自来水首先进入低位水箱，然后通过水泵输送到高位水箱，再通过重力作用供给高层的各住户。二次污染的情况普遍存在，原因是多方面的，与水质本身的性质、与同水接触的界面性质、与外界许多条件相联系。从目前调查的情况来看，造成二次供水污染的原因主要如下：

①出水设备及管路内表面涂层渗出有害物质，如铅、铜等；

②贮水设备设计大小、结构不合理，使得水在设备中的停留时间过长，影响饮用水水质；

③贮水配套措施不完善，如通气孔无防污染措施、人孔盖板密封不严密、埋地部分无防渗漏措施，溢泄水管出口无网罩等；

④水设备的位置选择不合适，周围环境脏、乱、差；

⑤二次供水系统管理不善，未定期进行水质检验，未按规范进行清洗、消毒，有的水池水面上还漂浮着杂质，有的水池内壁长满青苔，池底积满厚厚的淤泥，致使水质逐步恶化。

3. 饮用水水质调整

水是如此重要，人体水分的缺失哪怕只有百分之零点几都可能造成不适甚至疾病。有些研究认为有些疾病或者某些症状就是因为人体局部缺水造成的，可以通过饮用适量的水来缓解或消除症状，甚至治疗疾病。很多水质专家称最好的功能饮料就是水。的确水本身的作用是无可替代的，人体喝水的主要目的是补充体内的水分。

人们通过饮水补充水分的同时利用了水的载体或媒介功能。水是人体最重要的物质载体，人体中绝大多数物质交流是通过水的媒介功能实现的。水中元素往往以离子状态存在，离子成分较易于被机体吸收和利用，而且各种离子之间存在一定的制约关系，饮水属于相对安全、方便的人体必需元素的补充方式。很自然地，人们会考虑到对水质的调整，寻求既能有效控制污染物，又可以在水中保留或添加适量有益于人体健康的成分的方法。

通过对水质及其功能的研究和理解，人们自然会想到在水中添加某些物质以强化水的感官感受和营养功能。有些饮料使用某些添加剂以产生更好的感官感受，如添加香精、加压溶解 CO_2 等提高饮料口感；有些添加色素来改善饮料的视觉外观等。除了口感、视觉感受，大多数饮料是基于强化营养和功能的想法设计和生产出来的。一些饮料在饮用水中添加了营养物质，比如，维生素、矿物质、氨基酸、牛磺酸、咖啡因等成分，以满足人体对某些营养物质的需求。功能饮料是指通过调整饮料中营养元素的成分和含量比例，在一定程度上调节人体功能的饮料。广义的功能性饮料分类包括运动（运动食品）饮料、能量（能量食品）饮料和其他有保健（保健食品）作用的饮料。如可口可乐中添加了咖啡因；各种茶饮料中添加了茶粉、柠檬酸钠、维生素 C 等；凉茶饮料中添加了某些中药成分；矿泉水中添加了某些矿物元素等。但值得注意的是，这种补充是有选择性的，不够系统和全面。这些饮料或许对某些人，在某些时段、某些状况下可以弥补一些特殊的营养缺陷，但长期饮用不一定合适。

尽管食物是除水以外的人体摄取营养物质的最主要的途径，水在其中同样发挥着重要的作用。食物被消化、吸收的过程中水都是不可缺少的载体和媒介，甚至是反应的重要参与者。食物一进入人体消化道的最前端——口腔，就被唾液润湿、混合，水立刻进入食物，产生反应。唾液在咀嚼食物时可以起到消毒、水解消化淀粉等作用，还对后续消化起到辅助作用。含水量低的食品是很难下咽的，甚至咀嚼时也令人痛苦。这个问题被人体自身分泌的唾液很好地解决了。唾液无色无味，pH 为 $6.6 \sim 7.1$，在看似平淡的唾液中却含有重要的消化酶、溶菌酶等物质。人体每天分泌的唾液量大到令人吃惊，为 $1.0 \sim 1.5$ L，甚至更多。这个数量甚至超过了某些人每天的饮水量。有些动物的唾液分泌量更是大得惊人，牛羊等动物的每日的唾液分泌量甚至可达体重的 1/3。唾液中 99% 以上是水分，进入消化道发挥功能后，被消化道重新吸收。唾液是人体充分利用水的一个例子，水发挥的重要作用的例子还有很多。

从某种意义上来说，人体对营养物质摄取的有些缺陷同样水造成的。这里所说的不是水会夺走人体中的营养物质，而是水中存在的一些物质，可能不能有效刺激消化液的分泌，不能有效促进消化液的功能，不能促进食物中的营养物质被有效地消化，不能将其转化为易于机体吸收的形态。这样，水质可能成为影响食物中营养物质消化、吸收的重要障碍。发挥水良好的佐餐作用，佐餐水应当具有促进消化液分泌，促进食物溶解、消化，促进营养吸收等功能。佐餐水应当在外观、口感、气味等方面迎合大众口味和需求。

2.1.2 水质对生态的影响

地球上水的自然分布和水质情况形成了相应的自然生态系统。在正常的水体内，各类水生生物之间及水生生物与其生存环境之间保持着既相互依存又相互制约的密切关系，形成稳定的生态平衡状态。在较长时间内，生态系统中的生物和环境之间、生物各个种群之间，通过能量流动、物质循环和信息传递，达到高度适应、协调和统一的状态。当生态系统处于平衡状态时，系统内各组成成分之间保持一定的比例关系，能量、物质的输入与输出在较长时间内趋于稳定，结构和功能处于相对稳定状态。当受到外来干扰时，能通过自我调节恢复到初始的稳定状态。在生态系统内部，生产者、消费者、分解者和非生物环境之间，在一定时间内保持能量与物质输入、输出动态的相对稳定状态。

生态系统中主要水体发生污染会影响生态系统的稳定，严重的水污染会破坏水环境生态平衡。当水体受到污染而使水环境条件改变时，由于不同的水生生物对环境的要求和适应能力不同，产生不同的反应，将导致其中生物种群发生不同程度的变化。进而相关生物群落发生改变，生产者、消费者、分解者和非生物环境之间的能量与物质输入、输出动态的相对稳定状态遭到破坏。

例如，当大量含有氮、磷等植物营养物质的污水排入水体，造成水中营养物质过剩，水体就发生富营养化现象。氮、磷是生物生长尤其是藻类生长的限制因子。富营养化过程中水体氮、磷对藻类等水生生物的限制作用被打破。在光照和其他环境条件适宜的情况下，水体藻类生长失控，过量生长，在随后的藻类生长、代谢、死亡和随之而来的异养微生物代谢活动中，水体中的溶解氧出现巨幅波动，甚至有时很可能被耗尽，造成水体质量恶化，破坏水生态系统，在一定条件下造成灾难性的后果。

　　湖泊生态系统较为脆弱，缓冲和降解污染物的能力较弱，在一定条件下（光照、天气等），可能造成水质条件迅速恶化。例如，溶解氧的大幅波动（有些情况下急速降低到 1 mg/L 甚至更低）；pH 大幅波动；水体浑浊、湖水能见度低、底栖植物难以成活；藻类等生物的死亡解体或者由其他原因造成向水体中释放有毒物质，影响供水水质并增加供水成本。水体发黑、发臭，严重影响水体功能，恶化生态环境，造成各类水生生物大量死亡，加速水体老化，甚至形成"死湖""死河"，进而变成沼泽。

　　污废水中的"三致"（致癌、致畸、致突变）物质导致的物种变异及其作用机制被逐渐认识，同时越来越多的污染物生态效应得到证实。2003 年以来，某些水污染成分（激素、类激素等）导致水生生物的变异等被发现和证实，给人们敲响了警钟。高毒性污水及废水排放、药物和激素滥用等导致的物种变异和生态安全问题受到更广泛的关注和更严密的控制。

2.1.3　水质对经济的影响

2.1.3.1　水质与水资源

　　除水资源的自然分布，水质问题是决定水资源量的最关键的问题。人口膨胀以及人们生活方式的改变，使人类对清洁淡水的需求急剧增长。伴随用水量的激增，水污染问题也日益突出，导致水质的下降，可用水量进一步减少，水的供需矛盾日益突出。而水质本身就是个非常微妙的话题——究竟什么样的杂质可以使水成为有益健康的，或者是有害的？究竟具备什么样水质的水，可以满足特定的功能需要？究竟用什么样的处理方式可以准确、快捷、经济地达成水质标准，满足用户的用水要求？这些因素是怎样影响着水资源总量，怎样影响着工农业生产和生活成本，怎样影响着社会发展，怎样影响着自然生态？这些问题构成水质对经济影响的最核心内容。

　　地球表面绝大多数（＞70%）被以海洋为主的水面覆盖。这一方面是说地球上的水是大量的，总量很大；另一方面，地球上的水绝大多数（97%）以海水的形式存在。通常，水资源量是指在一定经济技术条件下，人类可以直接利用的且逐年可以恢复和更新的水量。目前技术条件下，海水开发利用的成本仍较高；只有人类就近、方便使用的淡水才是现今条件下的实际水资源量。在只占地球水量 2.5%~3% 的淡水中还有很大一部分在冰冻地带，因此可供人类使用的淡水资源十分有限。由于地理位置的不同，人们对水资源认识的侧重点或许不同。水资源充沛的实质包括至少两个方面：水质良好和水量适宜，这也是地区经济发展的必备条件。

水在自然循环和社会循环的运动中，接收、分离各种杂质，水质发生相应变化。水质决定水的功能，是水的资源价值的决定因素。水质不符合用水要求或相关标准的水就失去相应的功能，水资源量相应减少。当采用一定的措施，改善水质使之达到相关用水要求或标准时，水就恢复其功能（使用价值），水资源量就相应增加。因此水质问题在很大程度上影响水资源总量。由于历史、经济等原因，环境保护措施不力，环境污染加剧，水质问题突出。综上，水质恶化造成的水质型缺水是加剧水资源短缺的重要原因。

水质决定了水处理成本，决定了水资源的供给。经济活动中主要有原料水、介质水和环境水 3 种类型。原料水是指基本成分是水的物质，比如，生物体内的水、饮食中的水、商品中作为不可缺少成分的水；介质水指在产品或服务中起到介质的作用的水，如洗浴、冲洗、冷却、养殖等；环境水指起到维持气候、水体生态等作用的水体。针对水的具体功能，需要以相应的水质标准或水质要求规范水质，确保水有效、稳定地发挥其功能。

高效、成本适宜的水处理技术及其合理应用是地方经济竞争的重要前提。在全球水循环得不到显著改善、淡水资源总量无法增加而水需求又日益旺盛的事实面前，寻找合理的、经济有效的水处理工艺，在保证水处理出水质量的前提下提高水的重复利用率，无异于增加了有效的水资源供给，为人类的生存和进一步繁荣开拓出更广阔的空间。因此在人类充分认识到水资源是生存发展命脉的今天，提高、改进水处理水平具有必要性和紧迫性，经济、高效、高质量的水处理技术及工艺成为当今科学技术研究的重点之一。

2.1.3.2 水质对经济的影响

水质对经济的影响主要体现在以下几个方面。

（1）水质对经济、产业布局的影响

有水的地方才有生命，才有经济繁荣。水质良好和水量适宜是区域经济发展的重要条件。水的社会循环量与经济繁荣程度、人类生活水平成正比。

另外，经济的发展会增加水资源消耗量和污水、废水排放量，水体污染的威胁日益加剧，从而制约经济发展。相关部门权衡污染损失和污染治理成本后，建立起了污染防治设施，并制定和完善了相关制度，从污水、废水处理、排放、水质调控等方面对水资源进行把控。同等社会环境条件下，温度较高、水量充沛的地区（如我国东南沿海地区）通常是经济繁荣或发展较快的地区。其中的原因之一是，在这样的自然环境条件下，水质净化速率快，水处理工艺运行更加稳定，水污染治理的成本相对较低。

（2）水质对行业发展的影响

地方水质的差异在一定程度上决定了区域行业优势和分布。水源地以及自来水的水质状况对产品的品质、工艺、成本等都有一定影响。无论是原料水、介质水还是环境水，水质在一定程度上决定了产品品质。更能保证产品品质的是原料水，之后是介质水。一方面，在原料水（如食品、饮料、化妆品等产品）生产中，水中的杂质种类、含量会导致水在溶解及分散能力、黏度、沉积性、嗅味、色度等方面的差异，必将影响产品品质；另一方面，水质影响工艺稳定性，比如，溶解性、腐蚀性、沉积性等是常见的介质水（如冷却水、锅炉用水等）控制要求。水质差异导致设备的腐蚀程度、维护费用、事故率以及设备更新频率不同，由此体现水质对工艺稳定性的影响。此外，水质对生产成本有重要的影响，主要体现在原水水质、水质要求或标准、水处理技术等几个方面。在水质要求或标准一致的前提下，良好的原水水质，促使相应的水处理工艺简化，降低给水处理成本，构成一定的企业竞争优势。反之，水污染会增加水处理的成本，制约经济的发展。自然条件好，水体自净能力高，可有效降低污废水处理成本。可见，水质对行业发展有重要影响。

（3）水质与社会福利

水污染降低了水的使用功能，降低了使用者的健康水平，增加疾病发生率，增加了居民看病的成本，同时影响了劳动力。水污染影响水体及周边生态环境，不利于生态环境的繁荣、协调、稳定。一般来说，水污染的后果往往由全社会共同承担，每年政府用于治理水体污染的费用占到政府开支的很大一部分，严重消耗财政资金。

相反，水质良好和水量适宜的地区在经济发展和社会福利等多方面具有有利条件。

2.2　水质标准

不同用途的水需要具备相应的水质特征，即需要水中杂质含量等在规定的范围内，这就是水质标准。虽然目前制定的水质标准仍存在一定的不足，但至少提供了满足相应功能的水质底线。

如何判断水质好坏？如何判断水是否被污染，被什么物质污染？原来，人们根据对色、嗅、味的感知进行水质判断，这的确可以在一定程度上作初步判断。但仅靠感官认识、了解、判断水质是不全面的，甚至是危险的。比如，由于浓度、形态等原因，一些有毒有害成分并不能被人的感官识别；再者，人与人之间对同一污染因子感知的阈值差异可能很大。事实上，水质的判定非常复杂，不能盲目地或片面地由感官或生物效应简单判定，应该建立一套系统、客观、科学的判定体系。这个体系就是水质标准体系，包括水质指标、水质标准等。

2.2.1　水质指标和水质标准

水质指标（water quality index）是指水及其中杂质的组成、数量、分布特征以及相关的物理因子等。水质指标是判断水质是否符合要求以及污染程度的具体衡量尺度。水质指标可以分为单项指标和综合指标。单项指标表征水的物理、化学和生物特性中的个别要素特征，如铁含量、溶解氧、硝酸根含量、细菌总数、含氯量、温度等。综合指标表示水在多种因素作用下的某方面的水质状况，如浊度用来表示水中折光物质（如颗粒物、胶体物质等）的含量；生物化学需氧量（BOD）表示水中能被生物降解的有机物污染状况；总有机碳（TOC）表示水中有机碳总量，表示有机物污染状况；总硬度用来表示水中含钙、镁等无机盐类的量等。

水质标准是国家、行业或地方规定的各种用水或排水在物理、化学、生物学性质方面应达到的要求，通常表现为一系列水质参数应达到的限值。它是在水质基准基础上产生的，具有一定的约束力，是进行水质规划和管理的技术基础。对于不同用途的水质，有不同的要求，相关部门根据自然环境、技术条件、经济水平、损益分析，制定出不同的水质标准。水质标准可分为国际标准、国家标准、地方标准、行业标准和企业标准等不同等级。我国已颁布、实行了一系列水质标准，如《地表水环境质量标准》（GB 3838—2002）、《生活饮用水卫生标准》（GB 5749—2006）、《农田灌溉水质标准》（GB 5084—2021）、《渔业水质标准》（GB 11607—89）、《海水水质标准》（GB 3097—1997），以及各种水污染物排放标准等。

2.2.2 水质标准的制定原则

根据水的用途和功能，国家、部门或地方规定了不同级别和类型的水质标准。总体上来看，水质标准制定的基本原则是在当前的技术、经济水平下，根据其重要程度（风险程度、分布和强度）、控制和检测能力、技术成本等因素，梳理、筛选影响水的使用功能的关键性的水质指标，并规定有害物及相关物质的限值。

对于饮用水，世界范围内具有代表性的水质标准有三部：世界卫生组织（WHO）的《饮用水水质准则》、欧盟（EC）的《饮用水水质指令》以及美国国家环境保护局（USEPA）的《美国饮用水水质标准》。其他国家或地区大多以这三种标准为基础或重要参考，来制定本国的饮用水标准。

2.2.3 水质标准的分类和特点

常见的水质标准包括水环境质量标准和水污染物排放标准两大类。

水环境质量标准主要有《地表水环境质量标准》（GB 3838—2002）、《地下水质量标准》（GB/T 14848—2017）、《海水水质标准》（GB 3097—1997）、《生活饮用水卫生标准》（GB 5749—2006）、《渔业水质标准》（GB 11607—89）、《农田灌溉水质标准》（GB 5084—2021）。

水污染物排放标准有《污水综合排放标准》（GB 8978—1996）和一批工业水污染物排放标准等。

2.2.3.1 生活饮用水水质标准

1. 生活饮用水水质标准制定的原则

生活饮用水水质标准的制定主要是根据人们终生用水的安全来考虑的，必须保证流行病学上的安全。水中的微生物是传播疾病的重要原因，饮用水中不得含有病原微生物，也不应有人畜排泄物污染的指示菌；水中所含化学物质及放射性物质不得危害人体健康；水的感官性状应保持良好。除用水安全这一主要因素外，制定生活饮用水水质标准时也要考虑现实的社会经济发展水平。

世界各国都根据自己的实际情况，制定相应的生活饮用水水质标准。

水中存在多种化学污染物、微生物等杂质，对人体健康存在不同程度的影响。但出于实际情况的考量，不可能也不必要对饮用水中的每种物质规定标准限值。对于水质安全性的评价，首先是以现场调查和科学研究资料为依据，选取和确定影响水质安全的主要污染物类别，并设置具体指标浓度限值，主要污染物是指在涉及区域出现频率高、影响大、风险高的污染物。对于在饮用水中经常检出，且含量具有明显卫生学意义的化学物质，应列入需要优先确定限值的物质名单。对于饮用水中已检出，甚至低于检出限，并且不能经常被检出的低浓度污染物，就没有必要制定限值。只有当污染物含量达到一定水平，有造成危害的可能性，而且检出频率高时，才有制定限值、进行检测的必要性。对化学物质进行危险度评价所需资料主要有两方面来源：一是人群流行病学调查；二是动物的毒理学实验研究。

水质标准的制定还应考虑其经济性和可行性等方面因素。为了确保饮用水水质安全，必须进行经常性的水质监测以及在特定情况下的水质检验，以评价饮用水的安全性。如果没有可行的检验方法，就无法了解饮用水中污染物特别是化学物质的污染水平，进而无法进行安全性评价，这里的可行就是指经济性和可行性，包括测试方法、时间、频率、成本等方面。水质标准的制定并非越高越好，应该适应当前的经济水平和水处理技术水平，如果定得过高，将提升处理成本，增大不达标比例和频次，对整体经济发展产生制约。

2. 世界卫生组织及一些国家和地区的生活饮用水水质标准

世界范围内的生活饮用水水质标准中最具有代表性和权威性的是世界卫生组织（WHO）的《饮用水水质准则》，它是世界各国制定本国饮用水水质标准的基础和依据。另外，比较有影响的还有欧盟（EC）的《饮用水水质指令》和美国的饮用水水质标准。

世界卫生组织制定《饮用水水质准则》的指导思想如下：

（1）饮水中微生物引起的危害仍是首要问题，对发展中国家和发达国家都是如此，因此控制微生物的污染是极端重要的。消毒副产物对健康有潜在的危险性，但较之消毒不完善对健康的风险要小得多。

（2）符合该准则指导值的饮用水就是安全的饮用水。

（3）短时间水质指标检测值超过指导值并不意味着此种饮用水不适宜饮用。

（4）在制定化学物质指导值时，既要考虑直接饮用部分，也要考虑沐浴或淋浴时皮肤接触或易挥发性物质通过呼吸道摄入部分。

美国国家环境保护局于 1986 年规定了实施饮用水水质规则的计划，制定了国家饮用水基本规则和二级饮用水规则。

3. 我国的生活饮用水水质标准

我国生活饮用水的水质标准是随着科学技术的进步和社会发展而与时俱进的。

1928 年上海市公布了第一个地方性饮用水标准，称为"上海市饮用水清洁标准"，上海市成为我国最早制定地方性饮用水标准的城市之一。

1937 年北京市自来水公司制定了《水质标准表》，包含 11 项水质指标。

1950 年上海市颁布了《上海市自来水水质标准》，有 16 项指标。

1976 年我国颁布了《生活饮用水卫生标准》（TJ 20—76），有 23 项水质指标。

1985 年我国颁布了修订的《生活饮用水卫生标准》（GB 5749—85），有 35 项指标。

1992 年，建设部组织中国城镇供水协会编制了"城市供水行业 2000 年技术进步发展规划"。

2001 年，卫生部颁布了《生活饮用水水质卫生规范》（GB 5750—2001），规定了生活饮用水及其水源水水质卫生要求。该规范将水质指标分为常规检验项目和非常规检验项目两类。生活饮用水的常规检验项目有 34 项指标，非常规检验项目有 62 项指标。

2005 年，建设部发布了城镇建设行业标准《城市供水水质标准》（CJ/T 206—2005），规定了城市公共集中式供水企业、自建设施供水和二次供水单位，在其供水和管理范围内的供水水质应达到的要求。该标准共有 103 项控制指标，其中常规检验项目有 42 项，非常规检验项目有 61 项。对于水源水质和水质检验频率也有相应的规定。

2006 年 12 月 31 日，卫生部和国家标准化管理委员会颁布了新的《生活饮用水卫生标准》（GB 5749—2006）。水质指标由 GB 5749—85 中的 35 项增加到 106 项。其中微生物指标由 2 项增加到 6 项，饮用水消毒剂指标由 1 项增加到 4 项，毒理指标中无机物指标由 10 项增加到 21 项，有机物指标由 5 项增加到 53 项，感官和一般化学指标由 15 项增加到 20 项。

制定《生活饮用水卫生标准》（GB 5749—2006）是根据人们终生用水的安全来考虑的，它主要基于 3 个方面来保障饮用水的安全和卫生，即确保饮用水感官性状良好；防止介水传染病的暴发；防止急性和慢性中毒以及其他健康危害。控制饮用水卫生与安全的指标包括四大类：

（1）微生物学指标

水是传播疾病的重要媒介。饮用水中的病原体包括细菌、病毒以及寄生型原生动物和蠕虫，其污染来源主要是人畜粪便。水源受病原体污染后，水处理消毒不够充分或严格，或者饮用水在输配水和贮存过程中受到二次污染均会造成饮用水传播疾病。理想的饮用水不应含有已知致病微生物，也不应有人畜排泄物污染的指示菌。为了保障饮用水能达到要求，定期抽样检查水中粪便污染的指示菌是很重要的。为此，《生活饮用水卫生标准》（GB 5749—2006）中规定的指示菌是总大肠菌群。另外，标准还规定了消毒剂游离余氯的指标。应当重视的是，指示菌种对消毒剂和消毒工艺的耐受能力和实际致病菌以及其他致病微生物的耐受能力是不同的，单纯依靠对指示菌种的测定来判断消毒效果是存在缺陷的。因此，《生活饮用水卫生标准》（GB 5749—2006）中微生物学指标由 2 项增至 6 项，增加了对蓝氏贾第鞭毛虫、隐孢子虫等易引起腹痛等肠道疾病、一般消毒方法很难全部杀死的微生物的检测。

与世界大多数水厂一样，我国自来水厂普遍采用加氯消毒的方法，当饮用水中游离余氯达到一定浓度后，接触一段时间就可以杀灭水中细菌和病毒。因此，饮用水中余氯的测定是一项评价饮用水微生物学安全性的快速而重要的指标。

对饮用水中微生物的控制一直受到世界各国政府和相关行业人员的重视，近年来消毒副产物的发现及其危害作用的研究使得消毒副产物的控制备受瞩目，甚至一度成为激烈争论的话题。一些消毒副产物如碘代乙酸、溴代乙酸、卤代硝基甲烷等，有强烈的细胞毒性和遗传毒性，令人对饮用水质量和安全产生焦虑。到底要不要消毒，到底是不是控制水中的微生物比控制消毒副产物更重要？有研究对比了微生物感染和含溴水臭氧消毒产生的溴酸盐导致肾癌的风险，结果表明，消毒对消化道疾病的控制的益处远大于其导致肾癌的代价。另外，在不发达国家或地区，过度地强调消毒副产物的风险是有害的。

（2）水的感官性状和一般化学指标

饮用水的感官性状是很重要的，而且其重要性不只是体现在感官上。感官性状不良的水，会使人产生厌恶感和不安全感。人体对外界的感知是非常微妙、敏锐的，人仅凭视觉就可以发现水中含量 0.5 mg/L 的阴离子合成洗涤剂；嗅觉可以发现水中 0.1 mg/L 的氰化物；味觉可以感知 1 mmol/L 的铁离子、铝离子等。《生活饮用水卫生标准》（GB 5749—2006）规定，饮用水的色度不应超过 15 度，而且也应无异常的气味和味道，水呈透明状，不浑浊，也无用肉眼可以看到的异物。浊度的构成中，颗粒物、微生物病原体都可能对人体健康带来严重后果。水有颜色表明其中存在一定的污染成分，如 Cu^{2+} 呈浅蓝色，Ba^{2+}、Mg^{2+}、Mn^{2+} 呈浅肉粉色，Fe^{3+}呈橘黄色，腐殖酸呈枯叶黄色等。如果发现饮用水出现浑浊，有颜色或异味，那就表示水被污染，应立即通知自来水公司和卫生防疫站进行调查和处理。

一般的化学指标包括总硬度、铁、锰、铜、锌、挥发酚类、阴离子合成洗涤剂、硫酸盐、氯化物和溶解性总固体。这些物质含量达到一定程度都会对水质感官造成影响，并对人体或有危害。

（3）毒理学指标

随着工业和科学技术的发展，化学物质对饮用水的污染越来越引起人们的关注。根据国外的调查，在饮用水中已鉴定出数百种化学物质，其中绝大多数为有机化合物。饮用水中有毒化学物质污染带给人们的健康危害与微生物污染不同，一般而言，微生物污染可造成传染病的暴发，而化学物质引起的健康问题往往是由长期接触所致，特别是蓄积性毒物和致癌物质。只有在极特殊的情况下，才会发生大量化学物质污染而引起急性中毒。但是，在饮用水中存在众多的化学物质，究竟应该选择哪些化学物质作为需要确定限值的指标呢？这主要是根据各种化学物质的风险评估值及化学物在天然水中存在的概率大小而确定。选择其中风险性高、出现概率高的化学物质作为水质指标，并以终生饮用为前提，制定这些水质指标的最大允许值（标准限值），是自来水公司向公众提供安全饮用水的重要依据。在《生活饮用水卫生标准》（GB 5749—2006）中，共选择 15 项化学物质指标，包括氟化物、氯化物、砷、硒、汞、镉、铬（六价）、铅、银、硝酸盐、氯仿、四氯化碳、苯并[a]芘、滴滴涕、六六六。

（4）放射性指标

某些地下水中常常含有一定浓度的放射性元素氡。另外，人类某些活动可能使环境中的天然辐射强度有所增高，特别是随着核能的发展和同位素新技术的应用，很可能产生放射性物质对环境的污染问题。地表水中含有的放射性元素的浓度要远低于地下水，但地表水与地下水之间的交流存在时间和空间上的不确定性。人们没有办法准确预知哪些位置或时段的水中混杂有多少地下水以及其他来源的放射性元素。因此，有必要对饮用水中的放射性指标进行常规监测和评价。在《生活饮用水卫生标准》（GB 5749—2006）中规定了总 α 放射性和总 β 放射性的参考值，当这些指标超过参考值时，需进行全面的核素分析，以确定饮用水的安全性。

2.2.3.2　其他用水的水质标准

（1）食品及饮料类水质标准

原则上，一般食品、饮料用水采用生活饮用水水质标准。《饮用净水水质标准》（CJ 94—2005）。一般饮用净水是指以自来水或符合生活饮用水水源水质标准的水为原水，经深度净化后可直接供给用户饮用的管道供水和灌装水。

（2）城市杂用水水质标准

城市杂用水是城市和人们日常生活中经常用到的一类用水，主要包括厕所便器冲洗、城市绿化、洗车、扫除、建筑施工及有同样水质要求的其他用途的水。为此，我国制定了《城市污水再生利用　城市杂用水水质》（GB/T 18920—2020）。

（3）游泳池用水

游泳池用水与人体直接接触，也关系到人的身体健康，因此对游泳池水质也有严格的要求，广东省深圳市出台的《生活饮用水水质标准》（DB4403/T 60—2020），对游泳池补充水进行了规定。

（4）工业用水水质标准

在工业企业中，水的用途十分广泛，主要有饮用水、生产技术用水、锅炉用水、冷却用水等。工业用水指工、矿企业的各部门，在工业生产过程中，制造、加工、冷却、洗涤等处使用的水及厂内职工生活用水的总称。根据工业用水具体的用途及生成工艺的要求，有相应的水质要求。国家标准《城市污水再生利用　工业用水水质》（GB/T 19923—2005）规定了工业用水的再生水的水质标准和再生水利用方式。

2.2.3.3 地表水环境质量标准

《地表水环境质量标准》（GB 3838—2002）中包括地表水环境质量标准基本项目、集中式生活饮用水地表水源地补充项目和集中式生活饮用水地表水源地特定项目，共计 109 项，其中地表水环境质量标准基本项目 24 项，集中式生活饮用水地表水源地补充项目 5 项，集中式生活饮用水地表水源地特定项目 80 项。《地表水环境质量标准》（GB 3838—2002）基本项目适用全国江河、湖泊、运河、渠道、水库等具有使用功能的地表水水域；集中式生活饮用水地表水源地补充项目和特定项目适用于集中式生活饮用水地表水源地一级保护区和二级保护区。集中式生活饮用水地表水源地特定项目由县级以上人民政府环境保护行政主管部门根据本地区地表水水质特点和环境管理的需要进行选择，集中式生活饮用水地表水源地补充项目和选择确定的特定项目作为基本项目的补充指标。

2.2.3.4 地下水质量标准

《地下水质量标准》（GB/T 14848—2017）依据我国地下水水质现状、人体健康基准值及地下水质量保护目标，并参照了生活饮用水、工业用水、农业用水水质最高要求，将地下水质量划分为以下五类，并分别设定了相应的标准。

Ⅰ类：地下水化学组分含量低，适用于各种用途。

Ⅱ类：地下水化学组分含量较低，适用于各种用途。

Ⅲ类：地下水化学组分含量中等，以 GB 5749—2006 为依据，主要适用于集中式生活饮用水水源及工、农业用水。

Ⅳ类：地下水化学组分含量较高，以农业和工业用水质量要求以及一定水平的人体健康风险为依据，除适用于农业和部分工业用水外，适当处理后可作生活饮用水。

Ⅴ类：地下水化学组分含量高，不宜作为生活饮用水水源，其他用水可根据使用目的选用。

2.2.3.5 污水排放标准

污水排放标准根据污水排放去向，规定了水污染物的最高允许排放浓度。根据受纳水体的水质要求，结合环境特点和社会、经济、技术条件，对排入环境的废水中的水污染物和产生的有害因子进行控制。它是判定排污活动是否违法的依据。污水排放标准可以分为国家排放标准、地方排放标准和行业标准。此外，为了保证合流管道、泵站、预处理设施的安全、正常运行，发挥设施的社会效益、经济效益、环境效益，有关部门制定了纳管标准，即排水户向城市下水道或合流管道排放污水的水质控制标准。

2.2.4　水质标准对经济的影响

水质标准的制定需要科学、规范，适应当时经济发展水平，与社会医疗保健、福利水平相协调，与产品、服务，以及相关加工、生产水平相协调，使之符合实际，具有可行性。行业或企业制定各自的水质要求有利于深度细化产品品质和增强稳定性，提升工艺稳定性。

对水环境污染的认识应该是全面、客观的。近年来，环境问题得到各级政府相关部门的高度重视，水环境质量总体上有所改善，人们对优美环境的追求是环境标准提升的动力。但值得注意的是，水质标准的提升是有经济、技术限制的，并非越高越好。如《污水综合排放标准》（GB 8978—1996）、《城镇污水处理厂污染物排放标准》（GB 18918—2002）等标准应适应当前的经济水平和水处理技术水平，如果定得过高，将增大不达标比例和频次，提升处理成本，对整体经济发展形成制约。

3 水污染控制方法

水是生物圈必备要素之一，有水的地方才有生命。自然界水的分布以及水质特征支配着生态系统的形成和演替。人类社会也是这样，受制于水资源的供给。"水生财"是世界各地人们自古以来普遍的认识。水是人们生存和成就事业的必要条件。在农耕时代，水资源无疑是安身立命、治家兴业的命脉；现今社会水同样是经济发展的命脉。从水质维护（污水处理和给水处理等）角度看，水质和环保要求在一定程度上决定了用户的成本，决定了产品或服务的品质，决定了企业、行业甚至是整个经济体系的兴衰。

人们需要的水资源是具备一定水质的水。既然水是一种基础原料，需要维护和加工，对水质的要求、供给能力和处理成本就是至关重要的。不能合理、明确地认识水质和功能的关系，水质和功能不够匹配，往往造成水资源的浪费或者水处理成本的浪费；否则就是以水为原料的产品、服务的品质下降、成本增加，或相关设备、财产遭受损失。

水处理的实质是水质改善和水质管理，用最简单的语言概括，应该是水质、功能及其达成。

3.1 污染的实质

水中存在着多种含量不同的杂质，如果恶化水的使用功能就构成污染；如果有利于水的使用功能就构成其物质基础。因而水处理不仅是水质净化，更确切地说应该是水质改善和水质管理。水质改善不仅是去除或者削减水中的污染物，使之达到环境污染控制标准，而且应该保证水中必要的功能物质及物理因子处于合理的范围，以实现及保证水的功能。水质管理是为改善和维护水质所做的程序设置、质量控制、技术管理。

伴随环境基本因子的变化，水中的杂质随时都进行着电子、质子或者离子团的转移或者交换；这其中当然还有物理属性的变化，比如，挥发、扩散、沉降等。这些电子、质子或者离子团的转移或者交换引发水中物质及其物理、化学、生物性能的变化，导致其迁移和转化能力的变化以及生物效应的改变。比如，质子（H^+）转移引发的质子化或去质子化，导致分子所附电荷的变化以及结构变化，进而引发溶解性、分散稳定性、化学反应性能及生物效应等方面的变化。可见，尽管 pH 似乎是个普通的水质指标，但其对水化学及水质的变化起着极其重要且复杂的作用。因此，大量水媒介或者水中发生的反应，先把 pH 保持稳定作为基本前提。仅仅质子的变化就如此复杂，更何况水中形态、性能繁多的其他杂质。水质及其功能的复杂性可见一斑。

污染因子的污染行为主要由自身性质决定，但相互之间的影响已然不容忽视。即使是易于被环境自净作用去除的污染物，仍然存在引发其他水质因子恶化水质的可能。比如，致 BOD 物（或可简称 BOD）通常是易于通过自净去除的污染物，但其对溶解氧的消耗导致的缺氧或厌氧环境可能导致非常严重的水质恶化；其中的有机物、含磷化合物、含氮化合物以及其降解中间产物等对水中的重金属等杂质的迁移、转化和毒性会产生复杂的影响。

当环境因子和杂质构成稳定时，单纯考虑无生物参与的情况下，水体系中的电子、质子或者离子团的转移或者交换达成动态平衡。与单独的化学反应相似，这种平衡的达成需要长短不一的时间。而如此长时间的保持稳定条件在自然条件下，甚至是人为控制条件下，都既不现实也不经济，因而难以达成。另外，在自然条件下的水体中，没有生物参与几乎不可能实现（长期封闭或更新缓慢的地下水，生物参与程度较低，但其与人类环境处于相对隔绝的状态）。如果有生物参与，水中的杂质在生物化学反应过程中呈现更加复杂的变化。因此水质是随时间不断变化的。

上述这些构成水质的复杂性，是水质功能发现和控制的难点，也是水质问题有趣和耐人寻味的地方。水质改善的工作目标就是认识水质和功能的关系，主导水质向目标水质转化并维持在一定范围内，使之满足用水或排放的要求。

3.1.1　水污染的实质

水及其中的杂质（污染物）在水体环境中经历迁移、转化行为，这种行为体现了污染物的自身特性。此外，多种污染物之间受到相关物理、化学、生物因素的相互影响和作用，随环境条件的不同而异。整体行为如果导致危害加剧或维持，水功能受损，则属于污染或二次污染；如果危害减轻或消失，水功能恢复，则称为自净作用。

水污染的实质是进入水中的杂质或者物理因子在水环境中自然变化（或人为干预）过程导致水质恶化、功能受损的现象。这些杂质就是污染物。水中的污染物被微生物或者物理、化学过程作用，迁移或转化，在这一过程中对其中的生物、生态系统产生危害，对用户生活或生产过程产生危害。污染过程和污染物的转化过程是相伴而生的，并且其污染能力通常在转化过程中得以弱化，或者由于稀释、沉淀、挥发等作用而得以弱化。污染的发展和水质改善过程通常呈现相伴随行的关系。问题是面对不断增长的用水需求，人们不可能有足够的耐心等待如此长时间的自净过程，更不愿意接受污染发展过程中所造成的危害。因此，水处理就成为人们应对水污染的重要方法。

3.1.2　水质改善（水处理的实质）

水处理可以有效保护和合理利用水资源，具体地说就是人为（或利用自然过程）干预水质中导致功能受损的因子，缓解或消除其危害实现水质改善的过程。水处理过程就是加速被污染水质的转化过程，降低过程中对水体及相关环境生态系统的危害，在经济有效的前提下，尽快回复相对安全或可用的水质。

如果从污染的角度观察，主要的污染过程实际上是一种物理混杂、化学变化和生物代谢的过程。污染物可以分为活性较高的和相对惰性的两大类。水处理方法视水中主要污染物的活性和浓度而定。浓度高、活性强的通常采用加速反应过程、释放活性的方式处理；浓度高、活性弱的采用物化法分离处理；浓度低时则处理方法多样，视污染物性质和处理成本确定处理方法。在污染治理中，污染物浓度较高时，分离或回收通常比降解更合理。因为降解是把污染物分解或者转化为无毒、低毒的形态，这种处理方式往往需要超过反应当量的反应药剂或者能量，增大了成本，同时还伴随着过剩的物料残留、副反应产物、二次污染等问题。降解通常成本较高，除非是水质要求比较严格的场合，否则尽量少用或者不用。

控制污染可以从物质分离的角度、化学转化和生物恢复的角度着手。理想的处理方式应该是合理利用这些手段，使其经济、有效地在污染发生和发展以及遏制等过程中发挥作用。通常以物质分离为主的物理处理多应用于污染的发生阶段；化学转化和生物恢复更多应用于污染发生的中后期。通常生物恢复的成本低于化学转化，因而生物处理更为普及。

给水处理的目的是去除或降低原水中的悬浮物质、胶体、有害细菌、生物以及其他有害杂质，改善影响功能的物理因子，使处理后的水质满足用户的用水水质要求。给水处理经典的模式已经运行很久，在以地表水为原水的条件下通常都是以混凝—沉淀—过滤—消毒为主干的流程。在此基础上，针对不同来源原水的水质特点或地域环境特点在部分环节做适当的调整或强化。

功能水的生产同样属于水处理的一种。水是重要的载体，突出地体现在功能水方面。人体必需的营养和能量物质通过食物摄入，水在其中发挥着重要的作用。这个暂且不提。值得留意的是食物即使是在水的协助下被摄入，人体对其的消化和吸收都存在极大的变数。可能在摄入量充分的情况下，由于某些共存物质的干扰，或者机体功能的缺陷，导致该营养物质的消化或吸收障碍，从而发生营养缺乏症。当然，导致上述营养缺乏的还可能是身体某些疾病或异常所引发的某些物质的过度流失。这里一个最常见的例子就是人体对钙等必需金属离子的缺乏，尽管钙通常是食物中含量丰富的元素。这些营养素通过饮水方式的补充就可以很好地提升吸收效率，至少可以减少消化的障碍。这就是功能水产生的根源。功能水最简单的方式是水纯化（目的是去除有害杂质）后，添加某些功能明确的物质，并且调整其物理因子到适宜的范围。而这种做法依然存在缺陷，主要是人们对这些杂质之间、杂质与物理因子之间联合作用的功效仍然不能充分解读。这些正是水处理（水质改善）的微妙之处，同时也是希望所在。

3.1.3　水处理的主要问题

3.1.3.1　成本对技术的约束

当前常见的处理成本高的水有高盐废水、焦化废水、垃圾渗滤液等。此外，海水淡化和超纯水制备等成本都很高。

（1）高盐废水、焦化废水、垃圾渗滤液

这些水处理之所以难，主要难在缺乏经济可行的技术，而不是毫无办法处理。

就现在的技术而论，如果付出足够的成本，完全可以把这些水处理成纯净水，喝下去，毫发无损，神清气爽，都没有问题。只是成本过高，没有应用的价值。

（2）海水淡化，超纯水

海水淡化，一直是航海人员、沿海或海岛地区人们的梦想。而高成本一直是制约其可行性的核心障碍。超纯水的应用日趋广泛，而居高不下的成本仍然是沉重的负担。至今为止开发低成本的海水淡化和超纯水制备技术仍然吸引着很多水处理工作者。

上述水处理困难的根源和表现似乎各不相同，但成本对技术的约束是关键。

分析技术与成本的关系，处理能力和处理效率在成本制约下形成技术应用。当人们意识到现行技术处理能力或效率以及成本方面的缺陷，就激发出对新技术的拓展。新技术发展方向应该是有更安全、环保的途径，更有效、更经济等。

3.1.3.2　投资大、试错成本高

动辄几百万、上千万元构建成本的污废水处理设施，成为企业取得达标排放这一生产通行证的重要负担。这个负担从社会、环境、经营等角度都是必要的。这里的问题是污（废）水处理设施的成本（负担）究竟应该多大，在企业生产成本构成中应该有多大的比重。另一个突出的问题是由于污染治理技术、工艺之间的对比和筛选缺乏明晰的清单或规程。如此重大的投资，一旦不能实现预期的效果，或者不如其他技术工艺，很难撤回重建，只能调整。事实上，这种偏差甚至错误是经常见到的。实际的工程大多要在既定的工艺流程、技术环节和运行参数等方面做复杂的调整。可见，导致企业或者用户的试错成本高的主要原因：①水处理技术对比和筛选规则不够明晰；②水处理技术市场管理仍有待完善；③水质标准的制定和使用论证不够充分。污染治理其实是成本—效益权衡的问题，环境质量标准或水质标准的制定在这一权衡中起到最重要的作用，甚至决定了企业、行业、地区甚至国家经济的兴衰。

3.1.3.3　水处理环境影响外延

（1）水处理中污染物的迁移和转化

水相到气相，尽管二氧化碳的释放在水处理中被认为是安全的，仍然有很多转

化到气相中的污染物，比如，脱氮过程中氮气和一氧化二氮等氮氧化物的释放，甲烷的释放，臭气的释放等。

水相到固相，有机物等污染物的处理过程常用的吸附和离子交换过程，导致水相污染物进入活性炭等吸附剂或者离子交换树脂等；污水处理厂产生的剩余污泥等。这些例子中污染物由水相转入固相，产生的活性炭、剩余污泥、树脂等被认定为危险废弃物。此类废弃物的处理/处置费用更高，因而增高了总处理成本。

水处理中污染物的迁移和转化问题通过物料衡算很容易发现。据此可以更深入地探讨污染物转化和治理技术机制，探讨改善和评价技术的方法，为更合理、安全和经济的水处理技术筛选和推广提供依据。

（2）回收资源的成本约束

污废水资源化是一个有吸引力的话题，国家发展改革委等十部委发布《关于推进污水资源化利用的指导意见》提出推动城镇、工业和农业农村等重点领域的污水资源化利用，实施区域水循环利用、污水近零排放科技创新试点和污水资源化利用综合试点示范等重点工程。资源化的重点集中在污水中水资源的回收和再利用，再延伸就涉及其他污染物的资源化回收，比如，能源、氮化合物、磷等。从定性的角度来看，污废水资源化既可以控制污染，又回收资源，一箭双雕；但从经济性核算，污废水资源化存在诸多障碍，并且使技术评价和筛选更加复杂。以氨氮回收为例，成品己内酰胺级硫酸铵（2021/8/18，山东鲁西集团）的价格在 1 125 元 /t 左右。这样的价格基础下，污废水氨回收产生的经济效益微不足道，几乎可以忽略。另外制约污废水回收氨氮方法的技术空间，只有高浓度范围的污废水才可能产生经济效益。这种高到靠回收可以产生经济效益的浓度甚至可能是不存在的。事实上，市场上价格或者资本逐利这样的看不见的手总是主动发挥调节资源配置和利用效率的。或许污废水资源回收的实际意义就在于发现价值错位，这样的机会不是没有，却微乎其微。从这个层面来看，污废水资源回收的最重要的收益是环境效益而远非经济效益。

由此污废水资源化利用技术应该有更合理、充分的技术、成本论证，找准定位，明确可行性，促进有实效的技术得以应用。

3.2 水污染控制

3.2.1 水污染防治

水污染防治应当坚持预防为主、防治结合、综合治理的原则；优先保护饮用水水源，严格控制工业污染、城镇生活污染，防治农业面源污染，积极推进生态治理工程建设，预防、控制和减少水环境污染和生态破坏（《中华人民共和国水污染防治法》）。水污染控制应该充分考虑自然环境、技术可行性、成本控制，正确处理水资源开发利用与水环境保护的关系。

水污染控制需要系统性统筹安排和实施，至少包括以下内容：

（1）全面规划，合理布局，进行区域性综合治理；

（2）建立水资源保护区；

（3）强化污染源头治理，强化污水处理技术和措施，降低污染源排放的强度和水量；

（4）加强监测管理，合理制定和严格执行法律和控制标准。

3.2.2 污染控制分类

我们可以从物质流、能量流和信息流角度整合水污染控制方法。物质流是指主要污染物的流量、分布、流向、转化方式、速率和变化等。物质流的有效控制是水处理的核心部分。能量流指的是推动水流运行的沿程能量需求、供给和分布。一方面，能量流是推动水流通过水处理设备、设施，完成既定反应和过程等所需的能量配置；另一方面，能量流在污染物转化过程中提供必要的能量供给，如曝气池、电化学过程等。信息流指沿程提供物质流、能量流信息，分析污废水或原水中污染物的主要成分（信息流），构成对物质流的认识，分析污染物在形态、物化性质和发生危害的条件，追踪其在不同水处理工艺环节中的变化，期间通过信息反馈引导物质流和能量流运行，直至满足用水或排放水质要求（水质标准）。

利用物质流、能量流和信息流系统分析、整合水污染控制过程，从水污染控制的环节上分类，可以分为以下几类：

（1）源头治理、污水处理和排放技术和管理

有效控制污染源向水体排放污染物。从污染物的物质流分析，水污染控制应该明确主要污染物的类别、流量、来源和去向，追溯产生污染的生产环节或生活过程。在可靠、经济的前提下，改善生产方式或生活方式，减少污染物的产量；强化对源头治理，合理强化污废水处理技术和监管，提升水处理技术水平，保证污废水处理满足排放要求；提升污废水处理后出水的排放控制水平，合理利用受纳水体环境容量。

（2）地表水、地下水维护

地表水、地下水可能是人类取水水源，可能是重要的自然生态保护区主要水源和某些生物栖息地，可能是雨水、污水等的受纳水体。地表水、地下水在自然循环和社会循环中受到外界影响以及自身水质变化过程中，水质可能恶化，以至于降低其水体功能。地表水、地下水维护主要是保证水质不发生恶化或剧烈波动，维持或改善现有水质功能，内容包括限制污废水排放、富营养化控制、水源地保护、生态保护等。

（3）给水处理

给水处理是对从水源取得的水进行适当的净化处理，得到质量符合用户要求的水质。其内容包括水源选择、给水常规处理过程，如澄清、过滤、消毒、除臭、除味、除铁、软化、淡化和除盐等，以及特殊用途用水处理，如超纯水（反渗透）等。

水中的有害杂质以及物理因子通常可以被不止一种方法去除或改善。近年来研发、实施的多种水处理技术和工艺，联同传统的水处理技术，构成了水处理方法的多种选项。

根据用水或排水水质要求，针对原水水质，可以采用相应的处理工艺和技术。严格地说，每一种用水的场合（产品、服务及过程）存在自身的水质要求，因而水质需要符合不同级别的水质标准以及行业、过程具体水质要求等，最受重视和普遍采用的当然是国家级强制标准。就其水处理的工艺和方式而言，有较广泛适宜和经济的一种或几种。同样，污水排放必须满足水体水环境保护的要求，存在适宜的污水的处理程度和方法。采用有效且经济的水处理方法对用户而言是有经济利益的，对某些行业甚至可能是在质量、成本、准入等方面具有决定性意义的环节。

这其中涉及的水质要求、水质标准一直处于人们不断地摸索中，比如，什么是足以保持人体健康的水质特征？加工产品时适宜的水质有哪些特征？同时，水质标准或者水质要求中有没有过度严格的指标，并不是充分必要，却加大了水处理的难度和成本等。从长期来看，水质标准或水质要求存在完善和变化，这种变化将对水处理技术和工艺提出更新的要求，也将对产品、服务以及过程的质量和成本等方面造成不同程度的影响，甚至决定相关用户（如企业）的存亡。

另外，水处理技术、工艺和方式处于发展中，每一项技术实质性的进步都在处理效果、效率和成本等方面影响着其应用领域。

污染控制应该遵循一定的原则，比如，评价标准应该由技术标准、成本标准等构成，其中成本标准应该包括经济成本和环境成本以及安全性等。

水中的杂质、污染物多种多样，处理效果与处理成本密切相关。随着处理效果的加强，处理成本可能以指数方式快速增长。处理到何种程度尤为重要，决定了经济成本和推广的可能性，是选择水处理方法的重要依据。

污染强度可以用污染浓度或剂量与相应标准的比值表示，也就是说污染强度可以用每一单位污水可以使多少倍体积的受纳水刚好超标来表示。比如，可以用 BOD_5 值与排放水体或水质标准中相应的 BOD_5 值的比值表示污水 BOD_5 的污染强度；用氨氮的浓度与水质标准中氨氮限值的比值表示污水中氨氮的污染强度。如果用综合强度标准，则可以用关键指标污染强度的加权指数，这种加权权重则各有不同。不同指标的污染强度之间存在一定的关联关系，同样存在相互的影响，甚至是决定性的影响，比如，可以增加耗氧速率，在溶解氧充分的条件下水中好氧物质或可生化物质消耗溶解氧的速率。这种耗氧速率是非常关键的，决定了水中溶解氧的状况。如果耗氧速率大于复氧速率，水体将呈现缺氧或厌氧状态，水体微生物构成及分布将呈现厌氧或兼性厌氧微生物为主体，水中污染物降解的途径将由厌氧过程为主；如果耗氧速率低于或等于复氧速率，水中溶解氧将不至于降低，水体呈现需氧的微生物分布及有机物代谢途径。不仅有机物，含氮化合物、含磷化合物、金属离子、络合物等物质的迁移、转化途径与方式都将发生相应改变。与此同时，这些杂质变化导致水质及功能变化。

水处理方法可以选用对首要污染物，兼顾次要污染物等的处理最有效的方法。

污废水处理的程度通常按照受纳水体的水质基础特征、自净能力和污废水典型污染物特征综合考虑，同时要满足相关污废水排放标准。在满足标准的前提下，通常污废水处理程度都贴近标准，以保持较低的处理成本。

水质要求或水质标准制定得越严格，制水或水处理成本越高；过于宽泛，水质不良导致的风险则增大，社会成本增高。这方面的工作还有很多需要具体化、量化。现行的一些标准以及相应的方法仍有待充分论证，以充实水处理技术分析、评价、对比和筛选的依据。

饮用水处理的程度把控较为明确，水质必须满足现行的《生活饮用水卫生标准》（GB 5749—2006）。这一标准随着技术、经济和认知水平将可能出现改进。

3.2.3　污染控制方法

污水处理技术方法主要有物理、化学和生物方法，或者是这些基础方法的组合。

物理方法主要有沉降、气浮、气提、过滤等，作为杂质分离的方法。当然有特定的目的，水处理中也包括这些方法的逆过程，如混合、分散、溶解等。此外，物理方法还包括对水体物理因子的控制以满足水质要求等内容，如加热或冷却等。物理方法是最原始的水处理方法，可以追溯到远古，并且其随着人类生产水平和认识水平的提升，存在一系列的演变过程。并且，这种演变还将进行下去。并不能认为物理处理方法只是预处理或简单处理，纯净水甚至超纯水中最核心的处理方法就是膜分离（反渗透）。膜处理（反渗透）是现在纯水生产的主要方法。此外，事实上，物理方法通常与化学、生物法密不可分，因为化学过程和生物过程都结合了物质转移和分离的内容。

3.2.3.1　污染治理的生物学逻辑

污染控制中最基本的转化或降解方法有两类：化学转化和生物转化。在自然界的自净过程中化学转化和生物转化同样重要且普遍存在，人工干预的水质改善过程化学转化和生物转化的运用非常广泛。最常见的化学处理包括混凝、氧化、还原、沉淀、中和等；生物处理包括好氧、厌氧、生物除磷、生物脱氮等。化学转化主要考虑药剂成本、污染控制能力、二次污染、药剂残留及其控制。生物处理中对杂质的作用主要分两部分：转化和同化排泥。生物转化主要考虑物种的选择和稳定、控制条件和生物污染的控制等内容。对于水处理而言，最主要是看水质适应哪些大量、快速代谢的生物，这些生物能否快速进行代谢、生长和繁殖；代谢产物是否安全；污染物降解完成后这些生物体能否容易被快速分离。

接下来的问题是污染物化学转化和生物转化的选择以及生物处理和化学处理安全性对比。

生物处理通过生物体自身的生理、代谢活动，吸收、降解、转化水体污染物（主要是可生化有机物、营养元素等），形成无毒、低毒、无害物质以及同化到生物体内部，降低水污染程度，实现污染控制。那么，动物、植物、微生物，这么多的生物种类，以哪种生物或者哪些类别的生物为主体处理效果较好、成本较低呢？目前的湿地处理、生态治理、低等动物治理等水处理方式被报道，甚至得到推广应用。究竟这些处理方式是否有科学依据，是否可以达到良好的效果呢？为什么主流的污水处理厂广泛使用微生物作为水处理的主体呢？回答这些问题，就有必要梳理污染治理的生物学逻辑。

动物、植物、微生物生理代谢特点决定了生物处理的主体天然地就是微生物。我们从动物、植物、微生物的生物量、转化率、时代周期、转化产物安全性及自身污染能力等角度梳理污染治理的生物学逻辑。这样的逻辑有助于更理性地发挥各种生物种类在水处理、污染控制和生态保护行动中的作用，消除模糊认识，削减试错成本，推测及设计污染治理主体物种及群落构成，对污染治理工作提供更有效和更经济的工具。

3.2.3.2　生物处理主体分类

水体自净过程中生物自净和化学自净都发挥重要的作用。观察生物自净过程会发现，污染程度高的水中首先出现的是微生物，以细菌及某些真菌为主。而且，厌氧或兼氧微生物在前，好氧微生物在溶解氧改善之后才出现。水质进一步改善之后才可能出现藻类以及原生动物，再出现后生动物。所有这些生物都有两面性：一方面参与水污染过程；另一方面参与水质净化。它们消耗水中的部分污染物，实现生长和增殖，同时产生一些代谢物。

（1）动物不可能是污水处理的主体生物

动物，即使是原生动物，生存需要的基本要素有溶解氧、有机物（食料）等营养物质、适宜的基础条件（温度、pH 等）、无毒或低毒的环境。此外，动物的作用还需要从其生长繁殖方面，考虑其生长周期、比生长量等的影响。可以借此分析其作为生物处理主体物种的可能性。

从原污水溶解氧的变化规律和生物对溶解氧适应及需求的角度，可以断定原生动物必定出现在水质改善到一定程度之后。如果我们把污废水设定为污水处理厂进厂水平（如 COD_{Cr} 300 mg/L、BOD_5 150 mg/L）的话，植物包括藻类、动物等物种是不大可能发挥作用的，甚至连自身生存都有问题。污水处理厂的曝气池中溶解氧维持在一定水平，给原生动物提供了发挥作用的可能，其通过捕食、吸附、消化降解有机物等，去除水中的 BOD 等。

原生动物体型较小，大小从几微米到几百微米，如常见的尾草履虫，体长 80～280 μm；分裂繁殖，周期约 0.5 h，寿命约 24 h。以草履虫为例，了解原生动物对水质的影响。草履虫摄取水里的细菌、浮游藻类或其他有机物，通过表膜进行呼吸，利用溶解氧分解有机物产生能量，但据说有些草履虫可以耐受溶解氧低的环境。草履虫降解有机物的代谢物为二氧化碳和一些含氮废物，通过表膜排出体外。可见，在适宜的环境条件（有一定浓度溶解氧）下，原生动物对水中的有机物、浮游藻类、细菌等或有一定的处理能力。

通常后生动物生长、繁殖周期较长，比生长量小，同化的效果较弱。无法认定被动物吃掉或者吸附/吸收的污染物就是被降解掉了。另外，即使被同化到动物体内的物质（污染物），还存在如何分离出水的问题。如果不能有效地分离这些动物出水，此部分有机体终将转化为水体污染物。动物世代周期长，成熟期迟，繁殖能力有限，细胞或者生物体增殖的部分较少。

在水处理中原生动物通常是作为指示生物，用于观察水处理过程的运行情况，而非水处理主体生物。

后生动物包括除原生动物以外所有的动物。而水污染及处理过程出现在水中的通常是相对简单的低等动物，比如，轮虫、水蚤、线虫等。贝类、虾蟹、鱼等动物对污水处理的作用非常有限。相反，它们的正常生存对水质有一定的要求。现以水蚤为例分析其在水中的生活过程对水质的要求和影响。水蚤是一种小型的甲壳动物，属于节肢动物门、甲壳纲、枝角目。水蚤体长 0.1～2 mm，蛋白质含量高，且含有鱼类所必需的氨基酸、维生素及钙质，可以作为鱼类的饵料。适宜水蚤生存的条件：水温为 18～25℃、pH 为 7.5～8.0、溶氧饱和度通常为 70%～120%，需要光照用于培养浮游藻类提供水蚤的食物和补充溶解氧。水蚤主要以细菌、真菌、藻类及有机物碎屑（动植物的残片）为食，比增长量约为 0.1 g/（g·d），繁殖周期是15~20 天。通常后生动物生存条件较高，世代周期长，成熟期迟，繁殖能力有限，细胞或者生物体增殖的部分较少。

无法认定被动物吃掉或者吸附／吸收的污染物就是被降解掉了。被同化到动物体内的物质（污染物），如果不能有效地分离动物出水，此部分动物体连同大比例被其吃掉或者吸附／吸收的物质终将转化为水体污染物。

可见，动物不可能是污水处理的主体生物；只是在水质相对较好、溶解氧较高的情况下，可能发挥一定作用。

（2）植物（包括藻类），在水处理中的作用

水中的植物对水质有两面性。藻类、浮游植物、底栖植物等对水污染都有不同程度的净化能力；同时，这些植物在生命过程中可能恶化水质。植物净化作用取决于其种类、数量、分布、生长时期、健康状况以及环境因子等。其中环境因子可以认为是污水水质情况、光照、温度等。污水污染物种类、浓度等对水生植物的影响程度决定了其种类、数量和分布。植物（包括藻类）对水质改善的作用主要体现在以下几个方面：

①通过自身的生长代谢可以吸收氮、磷等水体中的营养物质，并把其中的一部分同化到体内。

②一些种类的植物对某些污染物有一定的耐受能力和富集能力，可以富集某些重金属或吸收降解某些污染物。

③通过影响微生物的生长代谢，可以促进可生物降解有机物（BOD）降解；可能参与或改善水中氮素的转化和脱氮过程。有些植物甚至可以降解有毒污染物，如凤眼莲可以对苯酚进行氧化和羟化，具有直接吸收降解有机酚类的能力；狐尾藻等可直接吸收、降解三硝基甲苯（TNT）。

④通过抑制低等藻类的生长，控制富营养化的表现形式等。

分析水污染中植物处理的作用可知，污染物进入植物体内或在体表以及周边形成的微小生态体系，进而发生转化或者降解。污染物中某些形态的氮、磷等营养物质被吸收后用以合成植物自身的结构组成物质，存于体内。有些污染物则是脱毒后储存于体内或在植物体内被降解。比如，植物通常是通过螯合和间隔作用耐受并吸收富集环

境中的重金属，如重金属诱导就可使凤眼莲体内产生有重金属络合作用的金属硫肽。

水生植物对水质的作用很早就被人们认识到了。20 世纪 70 年代前后，许多这类植物的耐污及治污能力被研究发现，水生植物进一步得到人们的关注，多种以大型水生植物为核心的污水处理和水体修复生态工程技术被开发出来。湿地处理系统以人工建造或改造的、与沼泽地相类似的区域，通过构建和维护自然生态系统中的物理、化学和生物三者协同作用以达到对污水的净化。其中最重要的构建内容就是构成适宜水生植物为主的动植物生态系统，微生物自然地参与其中。一些工程实践表明，植物对水质的修复技术具有低投资、低能耗等优点，因此近年来植物修复水质技术成为环境领域研究热点之一。植物可通过光合作用将光能转化为化学能，并释放氧气，能够发挥多种生态功能，如短期储存 N、P、K 等水体中的植物营养物质，净化水中的污染物，抑制低等藻类的生长和促进水中其他水生生物的代谢。在水体生态系统中，植物处于核心地位，其光合作用使系统可以直接利用太阳能；而植物的生长构成适合某些其他物种栖息的环境，使多样化的生命形式在湿地系统中发挥作用，植物和这些生物的联合作用使污染物得以降解。通常湿地处理系统被称为自然处理系统或人工生态处理系统。

与传统的微生物处理方式相比，一些研究者认为植物处理方式的优势之处在于：低投资、低能耗、处理过程与自然生态系统有着更大的相融性等。其缺点主要在于：污染负荷小、处理时间长、占地面积大及受气候影响严重。这样的认识或许失于偏颇，放大了植物对污染物的降解和污染程度的缓解作用，忽视了植物的其他作用，比如，没有光照，深水条件缺乏光合作用，加剧溶解氧消耗等。很重要的一点是，植物（包括藻类）通常对污染物尤其是重金属、难降解有毒有机物、农药等并不具备很强的耐受能力，对污染冲击的抵抗力弱。而且生命形态脆弱，对外界环境的变化适应能力弱，即使是一年四季的变化，也可能构成对植物生命的威胁。植物的生老病死对水质造成复杂的影响，比如，植物残体本身就会回归水体，构成内生污染源。

（3）微生物是生物处理的主力军

生物处理理想的主体生物应该是个体足够小，便于分散水中，具备大的比表面积以有利于吸附；个体适应能力强，对环境（如温度、营养条件、pH、有毒有害物质等）要求比较宽泛；代谢能力强，生长量高；不产生或少产生人类已知的污染代谢产物，代谢物相对安全或者易于控制；且生物体易于分离或去除。微生物的基本特点决定了其天然地成为污水处理的主体生物。

水处理中满足上述条件的，最可能被应用的就是微生物及浮游藻类。但浮游藻类需要光照，因而对水质的要求较高；用于地表水改善和维护较为合理，对污染较为严重的污水并不适宜。而细菌等微生物种类繁多，总体对环境适应能力强，多数没有对光照的需求。因而，微生物是天然的污水处理的主体生物。

微生物比较优势如下：

①微生物代谢强度高、繁殖速度快

微生物的大小以微米计，因而比表面积（表面积/体积）大，构成大的营养吸收、代谢废物排泄和环境信息界面，因此微生物具备更快地与外界进行物质交换的能力。这些特点非常有利于微生物通过体表吸收营养和排泄废物，为高速生长繁殖和产生大量代谢物提供了充分的物质基础。

微生物繁殖速率高。只要有了适宜的条件，微生物繁殖一代只要几十分钟，一整天就可以繁殖几十代。例如，大肠杆菌在合适的生长条件下，$12.5 \sim 20$ min 便可繁殖一代，每小时可分裂 3 次，由 1 个变成 8 个。每昼夜可繁殖 72 代，由 1 个细菌变成 4.72×10^{21} 个（重约 4 722 t）。

②微生物生物多样性远高于动植物，代谢多样性高、分布广

微生物分布区域广，分布环境广，万米深海、高空、地层下 128 m 和 427 m 沉积岩中都发现有微生物存在。自然界尤其是人类活跃的区域，微生物分布非常广泛且种类繁多。由于微生物种类繁多，代谢多样性高，不同类型的微生物具有不同的代谢方式，能降解的物种类型也随之多样化。目前已发现的微生物有 10 万种以上，而不同类型的微生物具有不同的代谢方式，能分解多种有机物，转化多种无机物。微生物作为自然界的分解者能将可生物降解的污染物彻底矿化。一些微生物可以降解有毒物质。例如，*Thauera* 属的一些物种能够降解酚类物质，将其彻底分解。近年来，人们甚至发现了能降解塑料的微生物。相比之下，动植物对污染物耐受能力低，物质代谢较单一，适应能力弱，且动物消化、植物养分吸收等过程甚至要依赖微生物的作用。

③微生物适应环境能力强、变异较为活跃

同样由于微生物个体小，比表面积大等特点，使得微生物容易受环境条件的影响。在紫外线、生物诱变剂、化学污染物等作用，以及环境中的某些营养因子的改

变等，微生物个体可能因此产生基因结构改变，产生变异体。在不同的环境条件以及营养条件下，微生物有可能被诱发变异，形成与环境适应的变异体。这样不仅丰富了微生物种类，而且可能强化微生物对污染物的适应和代谢转化能力。

微生物对环境条件尤其是恶劣的"极端环境"具有惊人的适应力，这是高等生物所无法比拟的。例如，多数细菌能耐受 $-196 \sim 0℃$ 的低温；在海洋深处的某些硫细菌可在高温条件下正常生长。

由上述分析可知，微生物（包括细菌、真菌、浮游藻类、原生动物等）具备上述必要特征，是生物处理中天然的主体生物。污水生物处理实际上是水体自净的强化。

微生物处理的局限如下：

①微生物种类不同，环境因素及营养条件不同，处理能力不同，对水质的改变也不同，对水质的影响不同。比如，微生物处理过程经常受到温度、化学毒物等干扰，造成产出水质波动。

②微生物处理的自然顺序未必是对水质改善更有利或者更有效的。

③微生物的出现，可能导致某些污染物的毒性强化或者使水质更复杂。

④微生物本身就是一类污染物，其中的致病微生物及其形成的致病微生物环境等都会对水质造成威胁；微生物代谢可能产生有害代谢产物，如细菌毒素、藻毒素等。

3.2.4　水处理方法的选择

物理、化学、生物处理法的选择通常可以从下面 3 个方面衡量。

（1）效率的对比——时间成本

效率对比的内容包括效率高低和稳定性。相同条件下，对比单位时间内去除目标污染物的效率，对比待筛选方法中效率更高的一类。处理稳定性对比，对比维持一定处理能力随时间的波动性。更好的处理方法具备更高而且更稳定的处理效率。

（2）经济的对比——经济成本

在同等去除率的前提下，各种方法的处理成本比较内容包括构筑物、设备、药剂等耗材、动力、人工等。

（3）安全性对比——环境成本

在保证水污染控制效果的前提下，应对污染控制技术产生的其他污染物，如废气、污泥、噪声等，对能耗、物耗等进行对比，衡量其安全性，衡量其环境成本。

不难发现，有一些所谓新技术的出现，存在一定的以偏概全、不切实际的表述。单方面强调对目标污染的控制效果，并不能全面分析其环境成本和客观评价其安全性。此类"新技术"经不起推敲，至少还需要进一步观察和完善。

上述对水污染控制技术的对比和筛选内容的归纳，基本覆盖了技术可行性涉及的最主要的因素，尽管不尽完善，仍可以作为该项工作的基本工具。

3.3 水质改善与水处理工艺

水质改善是水污染控制的目的，其包括水中污染物的去除，但水质改善的概念是比去除水污染物更宽泛的。水质不足以保证水功能的发挥，就需要改善水质。这其中有水污染控制的内容，比如，去除其中的污染物等；还有添加某些成分或调整某些物理因子的内容，比如，循环冷却水防止水的腐蚀性、水温的控制等。

这里主要介绍的是污水治理技术方面的内容，由污染物的产生、排出、输送、处理到水体中迁移转化等过程和影响因素所组成的水质污染及其控制系统。

3.3.1 污废水处理分类

（1）按污废水中污染物的除去方式分

①稀释：既不把污染物分离出来，也不改变污染物的化学性质，通过稀释混合，降低污染物的浓度，降低其危害，甚至达到无害的目的。

②分离：通过沉淀、气浮、吹脱、蒸发、过滤等方法使污染物从水中分离出来，一般不改变污染物的化学本性。

③转化：通过化学或生物化学的方法，使水中的污染物转化为无害的物质，或是转化为易于分离的物质后再分离。

（2）按处理的程度分

①一级处理：只能除去废水中大颗粒的悬浮物及漂浮物，很难达到排放标准，但有利于进一步处理，因而通常作为预处理。

②二级处理：可以除去细小的或呈胶体态的悬浮物及有机物，一般能达到排放标准。

③三级处理：进一步除去废水中的胶体及溶解态的污染物，一般可达到回用的要求。

污水处理按处理程度分类见表3-1。

表3-1　污水处理按处理程度分类

处理级别	污染物质	处理方法
一级处理	悬浮或胶态固体、悬浮油类、酸、碱	格栅、沉淀、浮上、过滤、混凝、中和
二级处理	可生化降解的有机物	生物化学处理
三级处理	难生化降解的有机物、溶解态的无机物、病毒、病菌、磷、氮等	吸附、离子交换、电渗析、反渗透、超滤、消毒、化学处理法

（3）按处理过程中发生的变化分

①物理法：沉淀、气浮、筛网；

②化学法：中和、吹脱、混凝、消毒；

③生物处理方法：好氧、厌氧；

④物理化学方法：吸附、离子交换、膜技术等。

3.3.2　生活污水处理

生活污水处理通常采用二级处理或三级处理，主要是应用生物处理法，通过微生物的代谢作用进行物质转化的过程，将污水中的各种复杂的有机物氧化降解为简单的无害物质。有些水厂通过三级处理可使水质达到冲洗、灌溉等回用要求。

生活污水处理一般流程如图3-1所示。

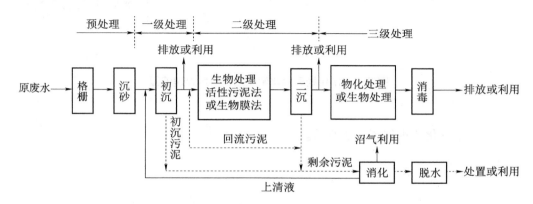

图3-1　生活污水处理一般流程

3.3.3　工业废水处理

工业废水与生活污水不同，成分比较复杂并且可能有难降解的有毒有害成分，相对生活污水而言处理难度较大。根据水质不同，工业废水处理程度和工艺有较多的差异。但一般大多仍以生物处理为主，涉及资源回收和减毒（提升可生化性）等过程，常有前处理（调节、气浮除油、中和）；根据需要可能有后处理，如混凝、过滤、活性炭吸附等。

3.3.4　给水处理

（1）给水处理的基本内容如下

①去除水中的悬浮物：混凝、澄清、沉淀、过滤、消毒；

②调整水中溶解物质：软化、除盐、水质稳定；

③降低水温：冷却；

④去除微量有机物。

（2）常规处理工艺

常用地表水水源生活饮用水处理流程如图 3-2 所示。

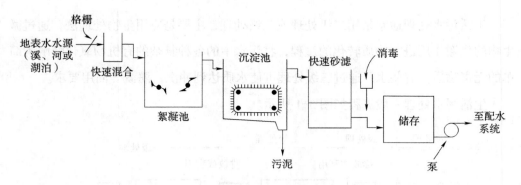

图 3-2　常用地表水水源生活饮用水处理流程

地下水软化流程如图 3-3 所示。

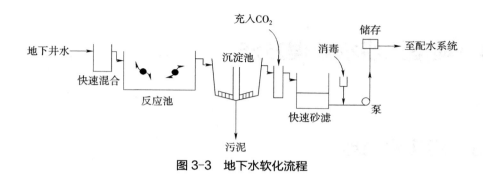

图 3-3　地下水软化流程

3.3.5　水处理技术发展趋势

水处理技术层出不穷，比如臭氧、高级氧化、电化学氧化、超临界氧化等氧化降解技术，高效曝气、阶段曝气、阶段进水等生物处理技术，臭氧、二氧化氯、氯胺等消毒技术等。即便如此，对水处理技术中存在的问题以及新技术的探索仍在继续。通过梳理水质变化物质流、能量流、信息流为核心的认知系统，可以把水处理技术发展过程归纳为以主要污染物流量和流向为主线的污染物控制系统。能量流一方面是类似物质流的动力系统，为污废水通过各个处理环节提供足够的能量；另一方面是为污染物转化过程提供必要的能量。信息流指沿程提供物质流、能量流信息，分析污废水或原水中污染物的主要成分（信息流），构成对物质流的认识，分析污染物在形态、物化性质和发生危害的条件，追踪其在不同水处理工艺环节中的变化，期间通过信息反馈引导物质流和能量流运行，直至满足用水或排放水质要求（水质标准）。通过这样的分析，可以整合现有的水处理技术，有针对性地解决水污染和水质改善过程中遇到的问题，同时拓展对水质改善过程中出现的新问题或技术瓶颈的解决思路。

4 典型污废水处理方法

4.1 污废水处理

人们利用水，通常并不会使水量产生明显的改变。即使有些时候水量看起来确实有变化，多数是与蒸发、冷凝等过程有关，是水在不同状态之间发生了部分转换，总量并不发生明显变化。水参与的化学反应和生物化学反应很多，涉及水的分解和形成的反应对水总量的影响并不明显。比如喝掉的水，大多数随着尿、汗、呼吸释放出来。即使有部分存在体内，是水的存在位置的改变，也是暂存，而且在一段时间还是会回归自然。用水的结果往往是水质发生了变化，水中杂质增多，变脏了，被污染了，不再具备原先的使用功能。污废水不经处理随意排放，将引发受纳水体及自然环境污染。为此，污废水必须经过适当处理才可以排放或者回用。

4.1.1 污废水处理的目的

污废水处理的目的主要是改善水质，消除或降低水污染，维护水环境及相关环境质量，促进水资源有效利用、循环利用，维持或改善水体基本功能。

4.1.2 污废水处理的一般方法

针对污废水水质特征和处理要求，处理的一般方法包括物理法、化学法和生物法，以及这些方法以一定顺序和方式的组合。

物理法是利用物理作用分离去除废水中不溶性的悬浮污染物、油脂和易挥发的气体等的方法，物理法处理过程中污染物的化学性质不发生改变。主要工艺有筛滤截留、重力分离（自然沉淀和上浮）、离心分离、冷凝和加热等。使用的处理设备和构筑物有格栅和筛网、沉砂池和沉淀池、隔油池、气浮装置、离心机、旋流分离器等。

化学法利用化学反应来分离、回收水中的污染物，或将其转化为无害物质。常见的主要方法包括中和、混凝、消毒、氧化还原、化学沉淀等。

物理化学方法有吸附法、离子交换法。

生物法包括好氧、厌氧、生物膜法、生态治理（包括湿地）等。生物处理方法利用生物代谢、生长等过程将污水中的有机物、营养盐等转化为稳定无害的无机物质或被生物体同化后从水中分离，从而使水质得以净化的方法。

生物法是污废水处理的主要方法。水的生物处理法通常就是采用一定的措施选用某些种类微生物，营造有利于微生物生长、繁殖的环境，使微生物大量繁殖，提高微生物降解或同化有机污染物等的能力，之后分离剩余污泥，使污水得以净化的方法。根据采用的微生物的呼吸特性，生物处理可分为好氧生物处理和厌氧生物处理两大类。根据微生物的生长状态，污废水生物处理法又可分为悬浮生长型（如活性污泥法）和附着生长型（生物膜法）。

生态治理法即利用在自然条件或人为设置的条件下维持或构建一定的生态体系，利用其中的生物（微生物、植物和动物）的生长、繁殖等过程，使水质得到进一步改善的技术。主要特征是工艺简单，建设与运行费用都较低，但抗污染、抗冲击能力弱，净化功能较弱，易受到自然条件的制约，因而通常不是污水处理的主流方法。

目前，由于成本和技术发展程度，主流的是生物处理法，其中最典型的是活性污泥法。

4.1.3　污水处理程度

污水处理程度一般分为三级，具体选择主要根据污废水特点、处理意图、处理能力、技术条件和处理成本等确定。

（1）一级处理：通过沉降、过滤等物理过程，以去除污水中的悬浮物。筛滤可除去较大物质；重力沉淀可除去相对密度大的较大颗粒；浮选可除去相对密度较小的颗粒物（油类等）。可由筛滤、重力沉淀和浮选等方法分别或串联组成，除去污水中大部分粒径在 100 μm 以上的颗粒物质。废水仅经一级处理一般达不到排放标准，因而一级处理往往作为预处理。

（2）二级处理：二级处理的目的是去除水中溶解性和胶体污染物。二级处理主要采用生物法，结合一定的物理化学处理。经过二级处理后的污水一般可以达到农业灌溉水要求和排放标准。

（3）三级处理（深度处理）：污水经二级处理后，进一步去除污水中的其他污染成分（如氮、磷、微细悬浮物、微量有机物和无机盐等）的处理过程。主要方法有生物脱氮法、混凝沉淀法、砂滤法、反渗透法、离子交换法和电渗析法等。三级出水通常可用于回用。

4.2 活性污泥法及其衍生方法

4.2.1 生物处理概述

以活性污泥法为例来介绍生物处理的主要原理、影响要素。活性污泥法中最重要的就是活性污泥。顾名思义，活性污泥可以说就是有活性的污泥。这个活性就是具备代谢转化能力。实质上活性污泥就是以微生物为主体的复合物，其中的活性主要是微生物的代谢、转化和生长能力。由于活性污泥中的微生物的代谢、生长和增殖等利用水中的某些污染物为原料或营养，将其降解，从而净化水质。生物法降解的污染物主要是水中的部分有机物、含氮化合物、含磷化合物等微生物代谢、生长过程中的营养物质和能源物质。

4.2.1.1 水中的微生物

微生物个体微小，但分布广泛，繁殖力强，适应性强，遍布地球生命所及的每个角落。天然水体具备适宜微生物生长的条件，本来就存在一些微生物，另有一些微生物则来自生活污水和某些工业排放物、垃圾、土壤、空气等。污废水中通常含有大量的微生物。

微生物在水中的存在对水质转化有重要作用，同时某些致病生物可能对人体造成危害。发挥水处理功能的微生物和致病微生物之间可能存在交集，难以区分。水处理必须扬长避短，经过生物处理的水需要消毒，以降低其微生物风险。

4.2.1.2 活性污泥中的微生物群落及其作用

活性污泥外形为茶褐色絮凝体，是以细菌、原生动物和后生动物所组成的活性微生物为主体，此外还有一些无机物，未被微生物分解的有机物和微生物自身代谢的残留物。活性污泥是指由细菌、真菌、微型动物为主的微生物与胶体物质、悬浮物质等混杂在一起形成的，具有很强吸附分解有机物能力的污泥样复合物质。活性污泥中生存着各种微生物，构成了复杂的微生物群落，是污泥的主体。其中数量最大的是各种细菌，此外还可能有酵母菌、丝状霉菌、单胞藻类、轮虫、线虫等。

1. 活性污泥中的细菌、丝状菌、真菌及其作用

活性污泥中细菌的数量为 $10^8 \sim 10^9$ 个 /mL，是去除污染物的"主力军"。最常出现的优势种群有产碱杆菌属、芽孢杆菌属、黄杆菌属、假单孢菌属、动胶菌属等，此外有无色杆菌、诺卡氏菌、硝化细菌、大肠埃希氏菌等。它们多是化能异养菌，多数为革兰氏阴性菌，可以有效地分解废水中的有机污染物。

在活性污泥形成初期，细菌多以游离态存在。随着活性污泥的成熟，菌胶团细菌分泌胞外聚合物（蛋白质、核酸、多糖等）形成具备黏性的胞间物质相互黏结形成菌胶团絮状物。丝状细菌附着于污泥或与菌胶团交织而构成活性污泥的骨架，真菌等微生物混杂其中，形成活性污泥絮状颗粒。菌胶团是活性污泥的结构和功能中心。由于其巨大的表面积和黏性，使活性污泥具有吸附能力，并可以降解污染物。同时，菌胶团有利于微生物抵御外界不良因子的冲击，保存微生物整体的活力，维持反应系统的稳定。

污水常见真菌中有一些具有特殊生化活性，能高效分解污水中某些有害物质；有些丝状真菌对活性污泥絮体有构架作用；可以利用在污水中生长的优势类群的种类和数量判断水体受污染程度。库克（1957）曾将污水真菌区分为①专性污水真菌，它们只能在污水中生长，如小帚囊瓶菌、肉色艳盘菌；②喜污水真菌：它们在污水中生长得特别旺盛，如水节霉、白地霉、绿色木霉、淡紫拟青霉等；③条件污水真菌：它们通常在污水中不生长，只在一定条件下才能生长，大多数陆生真菌和空气真菌属于这一类型，如青霉属、曲霉属等；④嫌污水真菌：它们在污水中不生长，如爪哇正青霉、粒状青霉、点青霉等。污水优势真菌类群的数量和组成，随污染物的成分、浓度发生变化。

有研究报道利用丝状真菌改善污泥脱水性能的效果，用于处理剩余污泥。如 Mannan 等的研究表明，丝状真菌 *Penicillium corylophilum*（WWZP1003）和 *Aspergillus niger*（SCahmA103）分别处理灭菌的剩余污泥（含固率为 0.5%～1%）2 天后，污泥比阻从未处理时的 1.36×10^{12} m/kg 降至 0.093×10^{12} m/kg 和 0.13×10^{12} m/kg，分别减少 93.20% 和 90.10%；Subramanian 等从污泥中分离到 1 株丝状真菌 *Penicillium expansum* BS30，研究发现用此菌株处理含固率为 1% 的剩余污泥，可使污泥的毛细吸水时间（CST）从 80～245 s 降至 12.6～16 s，污泥的脱水性能显著改善。

2. 活性污泥中的原生动物及其作用

活性污泥中原生动物常见的优势种是纤毛类，它们主要附聚在污泥表面。有些原生动物（如变形虫等）能吞噬水中有机颗粒，吞食游离细菌，对污水有直接净化作用；某些原生动物（如纤毛虫）能分泌黏性物质，可促进生物絮凝作用；有利于改善出水水质；可作为污水净化的指示生物。

在活性污泥的培养和驯化阶段，原生动物按一定的顺序出现。随着水质条件（营养、温度、pH、溶解氧）的变化，细菌与原生、后生动物的种类和数量发生一定的变化并遵循一定的演替规律：细菌→植鞭虫→动鞭虫→变形虫→游泳型纤毛虫、吸管虫→固着型纤毛虫→轮虫。因此，根据污水中原生动物的出现和活动规律可以判断水质和污水处理程度。例如，在运行初期曝气池中常出现鞭毛虫和肉足虫。若钟虫出现且数量较多，说明充氧正常，且活性污泥已成熟。若固着型纤毛虫减少，游泳型纤毛虫突然增加，说明污水处理运转不正常。

4.2.1.3　生物膜中的微生物群落及其作用

当污水通过滤料时，在滤料表面逐渐形成一层黏膜，黏膜中生长着各种微生物，这层黏膜就是生物膜。生物膜有巨大的表面积，能吸附污水中的有机物，具有非常强的转化能力。在活性污泥系统中，污水有效接触的界面上通常都有生物膜存在并发挥作用。

生物膜主要组成菌有好氧的芽孢杆菌、不动杆菌、专性厌氧的脱硫弧菌以及假单孢菌、产碱杆菌、黄杆菌、无色杆菌、微球菌和动胶菌等兼性菌。这些细菌互相黏连构成菌胶团。生物膜上的丝状细菌有球衣细菌、贝氏硫菌等。它们降解有机物的能力极强，大量生长的菌丝体交织黏连形成层层的网状结构，对水具有过滤作用。被处理水中的悬浮物被丝状菌吸附截留，出水变得澄清，同时菌丝的交织作用可使膜的机械强度增加，不易脱落更新。但丝状细菌过速生长会堵塞滤池，影响净化过程的正常进行。生物膜中出现较多的真菌是镰刀霉、曲霉、地霉、枝孢霉、青霉及酵母菌等，可形成类似丝状细菌的网状结构。根据水质情况，藻类仅生长在生物膜表面见光处，主要有小球藻、席藻、丝藻等。藻类可降解或吸收利用一些污染物，并通过光合作用补充溶解氧。原生动物主要是钟虫、草履虫等，能提高净化效率。此外，轮虫、线虫、沙蚕等后生动物去除池内污泥，能防止污泥积聚、抑制生物膜过速生长，保持生物膜的好氧状态，对污废水净化发挥一定作用。

生物膜上微生物的生态演替主要受溶解氧和营养的制约。从膜面到膜内，微生物按好氧→兼性→厌氧的顺序出现；有机物浓度逐渐降低，优势种以菌胶团细菌→丝状细菌、鞭毛虫、游泳型纤毛虫→固着型纤毛虫、轮虫的序列出现。因此，通过观察各区段微生物种类的演替情况，可判断污水浓度的变化或污泥负荷的变化。

4.2.1.4 污水处理的环境因素

污水生物处理是利用微生物的作用来完成的，因此要高效地发挥处理效能，就必须给微生物的生长繁殖创造适宜的环境条件。在污水生物处理中，较为重要的水环境条件主要如下：

1. pH

好氧生物处理，pH 应保持在 6～9。厌氧生物处理，各阶段对 pH 的要求不同。酸化阶段 pH 要求较为宽泛；在产气阶段 pH 应保持在 6.5～8。pH 过低、过高的污水在进入处理装置时应先行调整 pH。在运行期间，pH 不能突然变化太大，以防微生物生长繁殖受到抑制或死亡，影响处理效果。

2. 温度

一般好氧生物处理要求水温为 20～40℃。一些情况下，高浓度有机污水或污泥的厌氧消化利用高温微生物进行厌氧发酵，温度应提高至 50～60℃，构成高温消化。当然中温消化（25～40℃）更为普遍，其设备和运行成本通常更有吸引力。

3. 营养

微生物的生长繁殖需要各种营养。好氧微生物群体要求 BOD_5（C）：N：P=100：5：1，厌氧微生物群体要求 BOD_5（C）：N：P=200（或以上）：6：1。好氧与厌氧生物处理过程的营养差异主要是由于菌种差异、代谢途径和产物的差异。如好氧处理有机物变化主要途径为同化后分离；而厌氧处理则为有机物转化为甲烷等。

污水所含的有机物浓度过高或过低皆不宜，这对生化处理方式的选择尤为重要。一般来说，好氧生物处理法进水有机质浓度不宜超过 BOD_5 1 000 mg/L，不低于 50 mg/L。过高能耗高，处理成本高；过低微生物生长能力不足，工艺运行不稳定，处理效率低。厌氧生物处理用于降解高浓度有机污水，BOD_5 可高达 5 000～10 000 mg/L 甚至更高；有机物含量低，能耗就不经济、稳定性也得不到保证。

通常，城市生活污水能满足活性污泥的营养要求。但工业废水往往营养成分不够充分，缺乏某些养料，或者比例不够合理，影响生物处理正常发挥效果。故这类废水进行生物处理时，常需要投加生活污水、粪尿，或氮、磷化合物等，以满足生化反应的基本要求。

4. 有毒物质

工业废水中往往含有微生物毒性物质，如重金属、H_2S、氰、酚等。虽然所有初次接种到某种废水中的微生物群体（活性污泥或生物膜）在培养驯化中都已经历了适应和筛选过程，剩下的细菌中绝大部分是以该种废水中污染物质为主要营养物且适应水环境条件的优选菌，但当污水中的有毒物质超过一定浓度时，仍能破坏微生物的正常代谢，影响污水生物处理效果。游离氨作为内生有毒物质的问题近年来得到关注。氨化反应导致污水中氨氮浓度发生变化，游离氨的比例在相对较高的pH时升高。污水处理中游离氨对微生物构成较大的影响，当游离氨浓度过高时威胁水处理系统的稳定性。这种情况更多地发生在厌氧处理的系统中。

5. 溶解氧

好氧生物处理要保证供应充足的氧气；曝气系统应均匀、稳定。否则影响处理效果，曝气不足或不均匀造成局部厌氧分解，使曝气池污泥上浮；生物滤池或生物转盘上的生物膜大量脱落。但过度曝气一方面加大成本；另一方面对一些生物处理过程造成不利影响，如反硝化等。

4.2.1.5 活性污泥处理对水质的影响

活性污泥处理对水质产生以下作用：降解、转化水中的可生化有机物；对氮和磷的同化和转化；对某些金属离子的利用；对水体污染物的吸附和黏附等作用；大多数微生物对溶解氧敏感，好氧微生物消耗溶解氧；产生微生物代谢物，有些是有毒代谢物，如藻毒素，菌毒素等；有些是安全、稳定的代谢物，如氮气、水、二氧化碳等。此外，微生物数量和种类发生变化；出水中微生物必须分离去除，否则将影响水质中的微生物指标。

4.2.2 活性污泥法

1912 年英国学者 Clark 和 Cage 发现对污水长时间曝气会产生污泥并使水质明显改善，其后 Arden 和 Lackett 研究发现由于实验容器洗不干净，瓶壁留下残渣反而使处理效果提高，从而发现活性微生物菌胶团，称其为活性污泥。1916 年英国建成第一座污水处理厂，图 4-1 所示为活性污泥处理工艺基本流程。历经百年至今，污水处理的基本流程框架仍然如此。

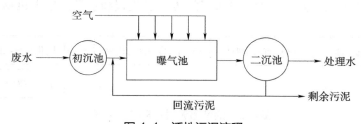

图 4-1 活性污泥流程

4.2.2.1 好氧活性污泥法

1. 好氧活性污泥法基本特征

（1）生物絮体为反应主体；

（2）曝气设备提供氧源；

（3）混合搅拌加速反应；

（4）沉淀降低固体含量；

（5）回流生物絮体再利用。

2. 好氧活性污泥法的主要活性成分

好氧活性污泥中的有机物、细菌、原生动物与后生动物组成了小型的相对稳定的生态系统和食物链。好氧活性污泥中的细菌以异养型细菌为主。

（1）净化污水的第一承担者——细菌

细菌在活性污泥中占比最高，对净化水质的贡献通常是最大的，因此细菌是净化污水的主体生物。细菌在生长繁殖过程中会形成菌胶团，菌胶团细菌构成活性污泥絮凝体的主要成分，有很强的吸附、氧化分解有机物能力，沉降性好；还可防止被微型动物所吞噬，并在一定程度上可免受毒物的影响，提升了污泥对抗水质变化冲击的适应性。

丝状菌——形成活性污泥的骨架，与菌胶团共同构成絮体，适当的丝状菌可增强活性污泥沉降性，保持高的净化效率，但是过量会引起污泥膨胀。

（2）净化污水的第二承担者——原生动物

原生动物吞噬水中有机颗粒和细菌，还可以成为指示性动物，通过显微镜镜检是对活性污泥质量评价的重要手段之一。

活性污泥法中物质转化和转移的实质是水中的污染物等大部分被细菌等微生物同化变为剩余污泥被分离，少部分被降解为二氧化碳和水等简单无机物（图 4-2）。

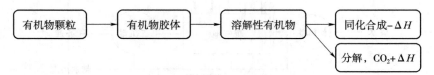

图 4-2　活性污泥对有机物的降解

有机物同化合成

$$C_xH_yO_x + NH_3 + O_2 \xrightarrow{\text{酶}} (C_5H_7NO_2)_n + CO_2 + H_2O - \Delta H \qquad （4\text{-}1）$$

微生物呼吸过程包括有机物降解和内源呼吸过程，两者均构成有机物的降解和 CO_2 的产生。不同的是活体微生物内源呼吸消耗胞内有机物且始终进行，而对污水中有机物（食料）的降解则依赖于环境条件（供给）。

4.2.2.2 好氧活性污泥法处理有效运行的基本条件

（1）污水中有足够的可溶解性易降解有机物；

（2）混合液中含有足够的溶解氧；

（3）没有微生物有毒物质进入；

（4）活性污泥在曝气池中呈悬浮状态；

（5）活性污泥连续回流；

（6）及时排除剩余污泥。

4.2.2.3 影响活性污泥法运行的环境因素

1. BOD 负荷率（污泥负荷）N_s

$$N_s = \frac{QS_0}{XV} \qquad (4\text{-}2)$$

N_s 过低，丝状菌膨胀；N_s 过高，絮体活性高，不易沉降。

N_s 增高，会导致污泥增长速率增高，底物降解速率增高；此时出水水质较差，污泥龄下降。N_s 下降，会导致污泥增长速率减缓，底物降解速率降低；此时出水水质较好，污泥龄延长。BOD 负荷为 1.5～0.5 kg/（kg·d）时，SVI 控制在 100 左右比较合适。

2. 营养物质

营养物质平衡用 BOD_5：N：P 的关系来表示，一般需求为 100：5：1。生活污水和城市污水通常含足够的各种营养物质，但工业污水可能含量低，或者存在某些营养素的不足，有些工业污水需要调整营养构成以满足生物处理的需要。

3. 溶解氧

好氧活性污泥处理中溶解氧增加可以提升污泥的增殖速率，提升污水净化速率，提高出水水质，但代价是运行费用高，还必须防止过度曝气影响二沉池效率。通常对于游离细菌来说溶解氧应保持在 0.3 mg/L 以上；对于活性污泥的絮凝体应保持在 2 mg/L 左右，不低于 1 mg/L。

4. pH

通常污水生物处理最适宜的 pH 为 6.5～8.5。当 pH＜6.5 时，有利于真菌增长，可能导致丝状菌易膨胀；当 pH>9 时，菌胶团易解体，活性污泥凝体遭到破坏。

5. 温度

适宜温度：活性污泥微生物多为嗜温菌，其适宜温度为 15～30℃。在适宜温度下，微生物的生理活动强劲、旺盛，表现在增殖方面则是裂殖速率快，世代时间短。通常在冬季或低温运行时工业废水和城市污水处理受到低温影响比较明显，应注意保温或升温。某些水温过高的特殊工业污水要适当降温。

6. 有毒物质（抑制物质）

重金属、氰化物、H_2S 等无机物，酚、醇、醛、染料等有机物对微生物有一定的毒性，对生物处理有不同程度的抑制作用。但毒害作用只有当有毒物质在环境中达到某一浓度时才能显露出来，该浓度叫作有毒物质的极限允许浓度。有毒物质的毒害作用还与 pH、水温、溶解氧、有无其他有毒物质、微生物数量以及是否驯化等因素有关。

4.2.2.4 活性污泥动力学

活性污泥中微生物主要是细菌，可借鉴 Monod 方程分析微生物生长动力学。

1. Monod 方程

在微生物生长曲线的对数期和平衡期，细胞的比生长速率与限制性底物浓度的关系可表示为

$$u = \frac{u_{max}S}{K_s + S} \qquad (4-3)$$

式中，u——单位质量微生物的增殖速率（kg/kg·d 或 d^{-1}）；

u_{max}——微生物最大比增殖速度；

K_s——饱和常数，半速率常数，即 $u=0.5\,u_{max}$ 时的基质浓度（mg/L）；

S——反应器曝气池中的底物浓度（mg/L）。

Monod 方程是典型的均衡生长模型，其基本假设如下：

（1）细胞的生长为均衡式生长，描述细胞生长的唯一变量是细胞的浓度；

（2）培养基中只有一种基质是生长限制性基质，而其他组分为过量，不影响细胞的生长；

（3）细胞的生长视为简单的单一反应，细胞得率为一常数。

微生物的增殖速率正比于底物降解速率，底物降解速率 v 即可以通过类比得到

$$\left.\begin{array}{l} v = v_{max}\dfrac{S}{K_s + S} \\ v = \dfrac{\dfrac{\mathrm{d}S}{\mathrm{d}t}}{X} = \dfrac{\mathrm{d}(S_0 - S)}{X\mathrm{d}t} \end{array}\right\} \Rightarrow -\dfrac{\mathrm{d}S}{\mathrm{d}t} = v_{max}\dfrac{XS}{K_s + S}$$

$$\Rightarrow \begin{cases} 高度物浓度，S \gg K_s,\ v = v_{max} \\ 低底物浓度，K_s \gg S, -\dfrac{\mathrm{d}S}{\mathrm{d}t} = \dfrac{v_{max}}{K_s}XS = K_2 XS,\left(K_2 = \dfrac{v_{max}}{K_s}\right) \end{cases}$$

$$v = K_2 S$$
$$S = S_0 e^{-k_2 X_t}$$

城市污水一般有机物浓度低，常用描述，符合一级反应。

活性污泥物料衡算示意如图 4-3 所示。

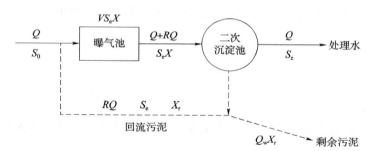

图 4-3　活性污泥物料衡算示意

4.2.2.5　活性污泥动力学研究的假定条件

（1）曝气池为完全混合式；

（2）反应池处于稳定状态；

（3）进水和出水中没有微生物；

（4）二沉池中不发生微生物对有机物的降解；

（5）底物浓度用可降解的有机物浓度表示；

（6）温度不变，进水有机物成分性质不变。

对曝气池有机物（S）列出物料平衡式，并假定在稳定状态下：

$$S_0 Q + RQ S_e - (Q + RQ) S_e + V \frac{\mathrm{d}S}{\mathrm{d}t} = 0$$

$$\Rightarrow -\frac{\mathrm{d}S}{\mathrm{d}t} = \frac{Q(S_0 - S_e)}{V}$$

结合 $-\dfrac{\mathrm{d}S}{\mathrm{d}t} = K_2 X S$，可得

$$-\frac{\mathrm{d}S}{\mathrm{d}t} = v_{\max} \frac{XS}{K_s + S_e}$$

因此

$$N_s = \frac{S_0 - S_e}{Xt} = K_2 S = v_{\max} \frac{S_e}{K_s + S_e}$$

η 为去除率，则

$$\eta = \frac{S_0 - S_e}{S_0} = \frac{K_2 Xt}{1 + K_2 Xt}$$

对一定污水，K_s、$v_{\max}$、K_2 是常数，可以通过下述方法得出。

利用

$$\frac{S_0 - S_e}{Xt} = K_2 S_e$$

做实验，测定不同时间点的 S 残余量 S_e，分别以 $\dfrac{S_0 - S_e}{Xt}$ 和 S_e 为纵横坐标作图，则斜率即为 K_2。

利用

$$\frac{Q(S_0 - S_e)}{vX} = \frac{v_{\max} S_e}{K_s + S_e}$$

两边分别取其导数：

$$\frac{vX}{Q(S_0 - S_e)} = \frac{K_s}{v_{\max}} \frac{1}{S_e} + \frac{1}{v_{\max}}$$

做实验，测定不同时间点的 S 残余量 S_e，分别以 $\dfrac{vx}{Q(S_0 - S_e)}$ 和 $\dfrac{1}{S_e}$ 为纵横坐标作图，则斜率即为 $\dfrac{K_s}{v_{\max}}$，截距为 $\dfrac{1}{v_{\max}}$。

4.2.3 脱氮和除磷

脱氮和除磷的目的一方面是控制水体富营养化，消除或减轻富营养化导致的水质恶化及危害。水体的富营养化问题在 20 世纪中期开始受到重视，并成为水体污染控制的重要内容。控制富营养化的有效方法是限制含氮和磷等污染物进入水体，同时消除或减少水中氮、磷等的浓度；另一方面是控制氮、磷尤其是氮化合物其他方面的危害。例如，氨氮（尤其是游离氨）对水中金属离子的迁移、转化和毒性有重要影响；对水生生物和人体健康有不同程度的危害等。因此脱氮和除磷是污废水处理中的重要内容。

活性污泥法处理污水过程中同化作用通常会起到一定的脱氮和除磷的效果，但远不及专门生物脱氮和除磷流程的效果。该内容在 4.2.6 节（生物脱氮和除磷）介绍。

针对污废水水质特征和处理水质要求，活性污泥法发展出很多类型或分支，但总体上都是依赖微生物生长代谢为主要的处理原理。在充分了解普通活性污泥法后，对其他生物处理法都较容易理解。

4.2.4 好氧处理法和厌氧处理法

好氧生物处理是利用好氧微生物，在有氧环境下，将水中部分有机物分解成二氧化碳和水；大部分有机污染物等被同化，以剩余污泥的形式分离出水。好氧生物处理效率高，使用广泛，是废水生物处理中的主要方法。好氧生物处理的工艺很多，包括活性污泥法、生物滤池、生物转盘、生物接触氧化等工艺。

厌氧生物处理是利用兼性厌氧菌和专性厌氧菌在无氧条件下降解有机污染物的处理技术，最终产物为甲烷、氢气、二氧化碳等，多用于有机污泥、高浓度有机工业废水，如食品加工废水、剩余污泥等的处理。污泥厌氧处理构筑物多采用消化池。最近 20 多年来，开发出了一系列新型高效的厌氧处理构筑物，如升流式厌氧污泥床（UASB）、厌氧流化床、厌氧滤池等。

生物处理方法的选择主要考虑污水水质、出水水质、降解效率和成本。通常厌氧处理适用高浓度、可生化性强的有机污废水、污泥等。厌氧处理有机物去除效率高、成本低、设备简单，可以实现资源（能源等）回收，但出水水质差，无法达到排放要求。好氧处理能耗高、设备相对复杂，但出水水质好，通常可以达到排放要求。因而厌氧和好氧联合使用处理效果较好。可生化性弱的有机污废水需要一些前处理（如水解酸化、铁碳微电解、芬顿等）高级氧化，提升其可生化性之后，才可进入后续生化处理。

4.2.5　生物膜法和膜生物法

在污水处理过程中，与污水接触的界面通常会形成一定厚度的生物膜。这种生物膜是由好氧菌、厌氧菌、兼性菌、真菌、原生动物以及藻类等组成的具有一定结构和具备污染物降解和转化功能的复合系统。生物膜附着的固体介质称为滤料、填料或载体。生物膜法就是利用人工构建载体表面生长的生物膜在适宜环境条件下降解和转化污染物、净化污水的方法。

生物膜由多种微生物构成，结构复杂。生物膜自滤料向外可分为厌氧层、好氧层、附着水层、运动水层等。生物膜微生物构成相当丰富，构成反应链/食物链，赋予生物膜对多种污染物的净化功能。生物膜可对有机物、总氮、磷等污染物进行生物转化和降解。污水流过填料时，生物膜中的微生物吸收、降解水中的污染物；同时微生物得到增殖，生物膜随之增厚、更新。当生物膜增长到一定厚度时，向生物膜内部扩散的氧受到限制，其表面仍是好氧状态，而内层会呈缺氧甚至厌氧状态。

随着处理时间的延长，生物膜不断增厚，可能导致生物膜的脱落。生物膜脱落后的填料表面还会继续生长新的生物膜，周而复始，维持污水净化能力。

比如，在好氧生物膜处理中，微生物在填料表面附着形成生物膜。生物膜通常是由好氧菌、兼性菌、厌氧菌、真菌等构成。生物膜表面微生物为好氧微生物或兼氧微生物构成好氧反应层，向内部（填料界面方向）渐变为兼氧反应层和厌氧反应层。由于生物膜的吸附作用，其表面存在一层薄薄的附着水层。其中的污染物已被生物膜氧化分解，故附着水层污染物浓度比进水要低，构成浓度梯度。当污水从生物膜表面流过时，污染物就会从水中转移到附着水层中去，并进一步被生物膜所吸附、降解。同时，溶解氧进入生物膜水层并向内部转移。生物膜上的微生物在有溶解氧的条件下降解污染物，消耗溶解氧，产生的二氧化碳等无机物又沿着相反的方向，从生物膜经过附着水层转移到流动的水中。生物膜中的好氧－兼氧反应层和厌氧反应层具备一定的脱氮能力和除磷能力。

生物膜法与活性污泥法的明显区别是生物膜固定生长在固体填料（或称载体）的表面上。此外，生物膜法具有如下特征：

1. 生物相多样化

生物膜是固定生长的，具有形成稳定生态的条件，能够栖息增殖速度慢、世代时间长的细菌和较高级的微型生物。如硝化菌，其繁殖速度比一般的假单胞菌慢40～50倍，故生物膜法可获得较高的脱氮能力，远非活性污泥法可比。在生物膜上出现的生物，在种属上要比在活性污泥中丰富得多，除细菌、原生动物外，还有在活性污泥中比较少见的真菌、藻类、后生动物以及大型的无脊椎生物等。因而可降解污染物种类多、效果好。

2. 生物量多、设备处理能力大

生物膜具有较低的含水率，单位体积内的生物量有时可多达活性污泥的5～20倍，因此具有较强的处理能力。

3. 剩余污泥的产量少

在生物膜中，较多栖息着高次营养水平的生物，食物链较活性污泥的长、剩余污泥量较活性污泥要少。生物膜由好氧层和厌氧层组合而成，厌氧层中的微生物能降解好氧过程合成的剩余污泥，剩余污泥量大大减少，节约污泥处置费用。

4. 运行管理比较方便

生物膜法不需要污泥回流，因而不需要经常调整污泥量和污泥排除量，易于维护管理。活性污泥法经常出现污泥膨胀问题，对处理效果影响很大，甚至使处理工艺遭到破坏。而生物膜法由于微生物固着生长，故无此问题。一方面，活性污泥法中丝状菌的大量繁殖，可导致活性污泥膨胀；另一方面，丝状菌又具有相当强的氧化能力。生物膜法则可充分利用丝状菌的长处而克服其缺陷。

5. 工艺过程比较稳定

由于微生物固着生长，生物膜法可间歇运行。生物膜法受有机负荷和水力负荷的波动影响较小，即使遭到较大的冲击，恢复也较快。

6. 动力消耗较少

当采用在填料下直接曝气时，由于气泡的再破裂提高了充氧效率，加上厌氧膜不消耗氧的特性，故一般动力消耗较活性污泥法要小。

生物膜法和活性污泥法相比，也具有一些缺点：

（1）需要填料和填料的支承结构，通常基建投资超过活性污泥法。

（2）生物膜出水中常带有脱落的大小不一的生物膜片，故有时出水较浑浊。

膜生物法采用生物反应与膜分离相结合，以微生物为反应主体，生物反应为基本反应，以膜为分离介质替代常规重力沉淀固液分离获得出水的污水处理方法。显然，膜生物法发挥了生物反应和膜分离两方面的优势，因而提高反应效率和出水水质。

生物膜法和膜生物法字面很相似，但所指代的方法有显著差异。当然两者也有明显的共同点，其共同点是污染物转化和降解主要都是通过生物反应完成的。

4.2.6　生物脱氮和除磷

含氮和磷等生物营养成分的污水未达标排放，以致受纳水体中藻类过度繁殖，水质变坏。氨氮、硝酸盐氮等氮化合物以及磷等决定水体的营养水平。贫营养水体水质大多相对较好，污染程度低，溶解氧含量高，但大多数水产生长、繁殖受到营养限制，生产率低。适宜营养水平的水质才能保证水生生物相对繁荣和稳定的水体环境，更好地发挥其生产功能和生态环境功能。当这些营养物质（包括磷等）在水中的含量过高被称为"富营养化"，在适宜的环境条件（温度、光照等）下可能导致水质恶化现象的发生。因此，污废水排放前，一定要严格控制其氮、磷化合物的含量。污水脱氮除磷非常必要。

水体中的氮主要有无机氮和有机氮之分。有机氮包括蛋白质、氨基酸、核酸、核苷酸、尿酸、脂肪胺、氨基糖等含氮有机物，有些地方把尿素也认为是有机氮的一种。无机氮包括氨氮、亚硝酸盐氮和硝酸盐氮等。氨氮包括游离氨态氮 NH_3-N 和铵盐态氮 NH_4^+-N。

生物对氨氮和硝酸盐氮的效应分两种情况。对植物而言，它们（氨氮和硝酸盐氮）是必不可少的重要营养物质。植物可以直接吸收氨氮和硝酸盐氮，但具体哪种形态对吸收更有利因物种及其生理发育状态存在差异。对动物而言，氨氮和硝酸盐氮等都不能直接被利用；相反，它们大多作为动物代谢物出现，且都存在一定程度的危害。氨氮尤其是游离态氨氮对水生生物（如鱼类等）有较强的毒性。氨氮过高会增加鱼鳃的通透性，损害其离子交换功能，使之处于应激状态；增加动物对疾病的易感性，危害生长、繁殖，严重的导致抽搐，昏迷甚至死亡。《渔业水质标准》（GB 11607—1999）中规定非离子氨氮含量应不超过 0.02 mg/L，凯氏氮不超过 0.05 mg/L。人对氨气的嗅阈值为 0.8 mg/m³，因此靠近含一定浓度氨氮的水会感受到异味。氨对人的皮肤黏膜有刺激及腐蚀作用，能溶解组织蛋白质，与脂肪起皂化作用，能破坏体内多种酶的活性，影响组织代谢。高浓度可能引起严重后果，氨对中枢神经系统具有强烈刺激作用，吸入高浓度氨可引起反射性呼吸停止、心脏停搏。游离氨基（带阳电）与细菌细胞膜上磷脂的磷酸根（带阴电）结合，使膜的通透性增加，导致细胞内的重要物质（如氨基酸、嘌呤、嘧啶、K^+ 等）外漏。硝酸盐和亚硝酸盐浓度高可能诱发高铁血红蛋白症（Methaemoglobinaemia）和产生致癌的亚硝胺。硝酸盐在胃肠道细菌作用下，可还原成亚硝酸盐。亚硝酸盐可与血红蛋白结合，氧化其中的 Fe^{2+} 为 Fe^{3+}，形成高铁血红蛋白（Methaemoglobin）。高铁血红蛋白失去携氧功能，会导致身体缺氧，甚至呈现蓝色，严重时可致器官缺氧受损、智力受影响等。

脱氮环节是污水处理中最复杂，也是成本最高的工序。通常污废水中含氮化合物以有机态氮、氨态氮（NH_4^+-N）、硝态氮（硝酸盐氮 NO_3^--N 和亚硝态氮 NO_2^--N）等多种形式存在。含氮物质进入水环境的途径主要包括自然过程和人类活动两个方面。自然来源主要有生物流入、生物代谢、降水、降尘和生物固氮等。人类的活动是水环境中含氮化合物的重要来源，主要包括未处理或处理过的城市生活污水和工业废水、各种浸滤液和地表径流等。如果有化工污染，则可能有更为复杂的含氮化合物。后者往往特性鲜明，所以还是以前者为例展开对脱氮的讨论更具普遍性。

污水中含氮有机物的变化过程，展现着其对水质的影响，既是水污染过程，又是可用以污染治理的过程。通常，污水中的含氮有机物会经历水解、氨化、硝化和反硝化等一系列转化。这些过程里含氮化合物经历小分子有机氮、氨氮、亚硝酸盐氮和硝酸盐氮、氮气或 N_2O 等不同的形态。这些氮化合物对水质影响程度和方式都不同。所以，从水中含氮化合物的形态可以追溯含氮有机物的水污染过程。水处理脱氮处理也因循这样的路线，适时地强化或加速含氮化合物向安全、无害的形态转化的过程。

4.2.6.1 生物脱氮

生物脱氮是应用最早的一项脱氮技术。水处理工作者对此投入大量精力，在原理及工艺方面都进行了广泛的研究。近年来，生物脱氮法产生了一定的突破。按照除氮原理，生物脱氮法可归纳为 3 种：全程硝化反硝化、短程硝化反硝化和厌氧氨氧化。

生物脱氮并非以微生物或其他生物对含氮化合物的营养吸收为主要方式去除水中的氮化合物（这当然也是生物脱氮的一个组成，但效能不足，不是生物脱氮的主体部分），更突出体现的是某些微生物对无机氮的转化作用。传统认为生物脱氮过程需要经历氨化、硝化和反硝化等过程，而氨化、硝化、反硝化过程由不同的菌群（细菌、真菌、古细菌等）承担，需要不同的溶解氧、pH、碳源、污泥龄等条件，因而把水处理系统分隔成多个池子分别满足上述条件。这些给生物脱氮过程带来繁杂的设计和操作。

1. 氨化过程

氨化作用（ammonification）又叫脱氨作用，指微生物分解有机氮产生氨的过程，可以为硝化作用创造必要条件。产生的氨，一部分供微生物或植物同化，另一部分被转变成硝酸盐。很多细菌、真菌和放线菌都能分泌蛋白酶，在细胞外将蛋白质分解为多肽、氨基酸和氨（NH_3）。其中分解能力强并释放出 NH_3 的微生物称为氨化微生物。氨化微生物广泛分布于自然界，在有氧（O_2）或无氧条件下，均有不同的微生物分解蛋白质和各种含氮有机物，分解作用较强的主要是细菌，如某些芽孢杆菌、梭状芽孢杆菌和假单孢菌等。

氨化过程一般可分为两步：第一步是含氮有机化合物（蛋白质、核酸等）被分泌在体外的水解酶水解成小分子。例如，蛋白质被分解时，先由分泌至胞外的蛋白酶将蛋白质水解成氨基酸。第二步则是氨基酸作为小分子物质跨膜进入微生物细胞，直接作为微生物的碳源及氮源进行吸收转化，或在微生物体内或体外以脱氨基的方式产生氨而被分解。降解产生的简单含氮化合物在脱氨基过程中转变为 NH_3。脱氨的方式很多，如水解脱氨、还原脱氨、氧化脱氨等。在脱氨的同时，产生有机酸、醇或碳氢化合物以及二氧化碳等。具体途径和产物随作用的底物、微生物种类以及环境条件而异。参与氨化作用的微生物种类较多，其中以细菌为主。

含氮有机物蛋白质、氨基酸、尿素及尿酸等在好氧及厌氧条件下皆可进行氨化反应。氨化主要由两大类菌群参与。好氧条件下参与氨化反应的微生物主要有枯草芽孢杆菌、大肠杆菌和荧光假单胞菌等。厌氧氨化的微生物主要有腐败梭菌、兼性大肠杆菌、变形杆菌、尿芽孢八叠球菌、尿酸氨化菌及酵母菌等。氨化过程与代谢相关的酶有氨单加氧酶、羟氨氧还酶、亚硝酸盐氧还酶等。这三种酶分别固定于细胞膜或游离于细胞质基质中。

生物有机氮中占比最大的另一类物质核酸由各种核酸水解酶等催化逐步水解，生成核苷酸、核苷、戊糖和碱基。碱基中的嘌呤（腺嘌呤、鸟嘌呤）被氧化成为尿素，进而可能被尿酶分解成为氨氮；而嘧啶（胞嘧啶、胸腺嘧啶和尿嘧啶）则被分解为氨氮和二氧化碳。最终，核酸中的氮以氨氮的形式被释放到水中。

水中常见的有机氮氨化过程概括如下：

（1）蛋白质水解

$$\text{蛋白质} \xrightarrow[\text{内肽酶}]{\text{蛋白酶}} \text{蛋白胨} \xrightarrow[\text{内肽酶}]{\text{蛋白酶}} \text{多肽} \xrightarrow[\text{外肽酸}]{\text{肽酸}} \text{氨基酸}$$

（2）氨基酸脱氨

①氧化脱氨（好氧条件）

$$R \cdot CHNH_2COOH + \frac{1}{2}O_2 \longrightarrow RCOCOOH + NH_3$$

$$R \cdot CHNH_2COOH + O_2 \longrightarrow RCOOH + CO_2 + NH_3$$

②水解脱氨（厌氧条件）

$$R \cdot CHNH_2COOH + H_2O \longrightarrow RCHOHCOOH + NH_3$$

$$R \cdot CHNH_2COOH + H_2O \longrightarrow RCHOH + CO_2 + NH_3$$

（3）尿素尿酸的水解产氨（厌氧条件）

①尿酸水解

$$(CH)_2(CO)_3(NH)_4 + 2H_2O \xrightarrow{-2H} CH(CO)_3(NH)_3NH_2 + CO_2$$
$$\text{（尿酸）} \qquad\qquad\qquad \text{（尿囊酸）}$$

②尿素水解

$$CH(CO)_3(NH)_3NH_2 + H_2O \xrightarrow{\text{尿囊素水解酶}} 2CO(NH_2)_2 + COCOOH$$
$$\text{（尿囊素）} \qquad\qquad\qquad \text{（尿素）} \quad \text{（乙醛酚）}$$

$$CO(NH_2)_2 + H_2O \xrightarrow{\text{尿素酶}} (NH_4)_2CO_3 \rightarrow 2NH_3 + CO_2 + H_2O$$

氨化作用实质上是有机氮污染发展的表现，也是污水生物脱氮处理的开端。在氨化发生之前，有机氮多数以生物或细胞残体、生物分子（蛋白质、氨基酸、核酸等）形式存在于水中。这些物质可以作为水生动物的饵料，其中的大多数本身并没有毒性。氨化之后有机氮转化为氨氮，氨氮发挥其污染效应，致使水质恶化。氨化作用是有机氮转化为无机氮的转折点。从水处理脱氮的角度上来看，氨化作用之前，有机氮的分离相对较容易，分离物如果抑制氨化的话，可能成为营养物质，甚至可以用作水产的饵料。氨化作用之后，无机氮的分离难度大增，硝化、反硝化、生物脱氮成为常规的脱氮方法，周期长、波动大。从另一个角度讲，如果可以控制氨化过程，就可以在这些重要的转折点上对脱氮进行合理的规划和调控。再进一步讲，氨化作用的过程相对复杂，途径较多，因而在水处理过程中，脱氮的同时，氨化作用可能仍然在继续发生。这对出水水质要求较高的工艺中，可能造成较大影响。

污水氨氮主要来自有机氮的氨化作用，其导致水污染发展过程中氨氮浓度的上升。在不同的氨氮浓度和环境条件下，氨氮发挥着对微生物系统调控的作用。在较低浓度下，是微生物的重要营养物质，甚至限制微生物的生长。浓度高时，可能对微生物产生不同程度的毒性，影响微生物种类和数量分布。氨化作用导致的水中氨氮的增减变化，对氨氮具有不同需求浓度和耐受浓度的微生物数量随之起伏，完成对水处理过程中微生物区系的调节。通过微生物区系的变化，影响水中杂质的代谢方式、途径和速率，影响水质的变化。pH 和温度对氨氮的毒性产生较大的影响，有利于形成游离氨的条件（较高的 pH 和温度）会强化毒性。

当氨化形成氨氮之后，水处理传统的操作就是硝化－反硝化过程。

2. 硝化过程

硝化是水中氨氮氧化为硝态氮的过程，是由两组不同的好氧自养菌进行的两步生物氧化过程。硝化的第一步是氨氧化细菌（AOB）把铵（NH_4^+）氧化为亚硝酸盐（NO_2^-）；第二步是亚硝酸盐氧化菌（NOB）把亚硝酸盐（NO_2^-）氧化成硝酸盐（NO_3^-）。

氨氧化阶段分为两个过程，氨先被氧化为羟胺（NH_2OH），然后羟胺被氧化为亚硝酸，调控这两个过程的关键酶分别为氨单加氧酶（Amo）和羟胺氧化还原酶（Hao）。Amo 是一个三聚体膜结合蛋白，该蛋白由分别被 amoA、amoB、amoC 所编码的 α、β、γ 3 个亚基所组成。amoA 基因是编码氨单加氧酶多肽活性位点的基因。Hao 是一种由 3 个亚基组成的蛋白。亚硝酸氧化阶段是由亚硝酸盐氧化还原酶

（Nxr）催化完成的单步过程。Nxr 为多亚基的膜联复合体，基本结构为可以催化硝酸盐和亚硝酸盐相互转化的 α 亚基以及具有电子传递功能的 β 亚基和 γ 亚基。

（1）自养硝化作用

亚硝酸菌和硝酸菌都是化能自养菌，它们利用 CO_2、CO_3^{2-}、HCO_3^- 等为碳源，通过 NH_3、NH_4^+ 或 NO_2^- 的氧化还原反应获得能量。硝化反应过程需要在好氧条件下进行，并以氧作为电子受体，含氮化合物（NH_3、NH_4^+ 或 NO_2^-）为电子供体。其相应的反应式为

亚硝化反应：

$$2NH_4^+ + 3O_2 \longrightarrow 2NO_2^- + 2H_2O + 4H^+$$

硝化反应：

$$2NO_2^- + O_2 \longrightarrow 2NO_3^-$$

硝化过程总反应：

$$2NH_4^+ + 4O_2 \longrightarrow 2NO_3^- + 2H_2O + 4H^+$$

在硝化反应过程中，氮元素的转化经历了以下几个过程：氨离子 NH_4^+ →羟胺 NH_2OH^- →硝酰基 NOH^- →亚硝酸盐 NO_2^- →硝酸盐 NO_3^-，伴随着硝化细菌的增殖。将 1 g 氨氮氧化为硝酸盐氮需耗氧 4.57 g，其中亚硝化耗氧 3.43 g，硝化耗氧 1.14 g；同时需耗 7.14 g 重碳酸盐（以 $CaCO_3$ 计）碱度。

硝化反应中污泥龄必须大于硝化细菌的世代周期（5~8 天），一般要大于 20 天。

（2）异养硝化作用

近年来研究发现除去自养硝化作用，还存在异养硝化作用。异养硝化是异养微生物在好氧条件下将氨/铵或氧化态的有机态氮氧化为羟胺、亚硝酸盐和硝酸盐的过程。异养硝化作用与自养硝化作用不同，两者不仅对碳源和氮源的利用不同，还在氮底物类型上有区别。异养硝化作用的底物可以是无机氮（如 NH_4^+ 等），也可以是有机氮（如胺、酰胺等）。这就使得研究其代谢途径较为困难，至今尚未形成统一的认识。目前有学者总结出异养硝化菌代谢途径，包括无机氮代谢途径（即 $NH_4^+ \rightarrow NH_2OH^- \rightarrow NO_2^- \rightarrow NO_3^-$）和有机氮硝化代谢途径（即 $RNH_2 \rightarrow RNHOH \rightarrow R \rightarrow NO \rightarrow RNO_2 \rightarrow NO_3^-$）。

在异养硝化微生物进行异养硝化作用中已知的可能发挥作用的酶有以下 3 种：

①氨单加氧酶（Amo），分析分离纯化的酶发现其由两个亚基组成，其分子量

与自养硝化菌的氨单加氧酶的两个亚基 amoA 和 amoB 类似；但其与自养硝化作用中的 Amo 又有一定不同，如 1 mmol/L 的乙炔并不能抑制该酶的活性。

②羟胺氧化酶（Hao），又称羟胺—细胞色素 C 还原酶，从现有研究结果来看，与自养硝化细菌的羟胺氧化酶存在明显不同，如异养硝化细菌的 Hao 结构相对简单，只是一个单体蛋白。

③丙酮酸肟加双氧酶，经分析发现该酶为 115 kDa，含 3 个相同分子量的亚基（40 kDa），每个亚基中含有一个铁原子，维生素 C 的加入可以明显加强酶活性，该酶反应的最适合 pH 为 7.5。

尽管人们对异养硝化微生物的关键酶和编码基因已有所认知，但是目前还没有可以进行分子生态学特异性检测的引物等工具，因此目前异养硝化微生物的研究还仅局限于单菌的分离和生理生化特征的检测。

3. 反硝化过程

反硝化是在缺氧条件下，利用反硝化菌将亚硝酸盐和硝酸盐还原为氮气从水中逸出，达到除氮的目的。反硝化菌是一种化能异养兼性缺氧型微生物。当有分子态氧存在时，反硝化菌氧化分解有机物，利用氧分子作为最终电子受体。无分子态氧存在时，反硝化细菌利用硝酸盐和亚硝酸盐作为电子受体，O_2 作为受氢体生成水和 OH^-，有机物则作为碳源和电子供体被氧化提供能量和电子。由此反硝化反应须在缺氧条件下进行。

从 NO_3^- 还原为 N_2 的过程如下：

$$NO_3^- \longrightarrow NO_2^- \longrightarrow NO \longrightarrow N_2O \longrightarrow N_2$$

在反硝化过程中，反硝化菌需要有机碳源（如碳水化合物、醇类、有机酸类）作为电子供体，利用 NO_3^- 中的氧进行缺氧呼吸。其反应过程如下：

$$NO_3^- + 4H^+（电子供体有机物）\longrightarrow 1/2N_2 + H_2O + 2OH^-$$

$$NO_2^- + 3H^+（电子供体有机物）\longrightarrow 1/2N_2 + H_2O + OH^-$$

污水中含碳有机物作为反硝化反应过程中的电子供体。每转化 1 g NO_2^- 为 N_2 时，需有机物（以 BOD 表示）1.71 g。每转化 1 g NO_3^- 为 N_2，需有机物 2.86 g，同时产生 3.57 g 重碳酸盐碱度（以 $CaCO_3$ 计）。

污水中碳源有机物浓度不足时，应补充投加易于生物降解的碳源有机物（甲醇、乙醇或糖类）。近年来，固态碳源的研究受到重视，用以弥补液态传统碳源在投加控制、残留和成本方面的不足。

以甲醇为例提供反硝化过程中碳源消耗的基本关系。每还原 1 g NO_2^- 和 1 g NO_3^- 分别需要消耗甲醇 1 .53 g 和 2.47 g。

综上所述，硝化反应每氧化 1 g 氨氮耗氧 4.57 g，消耗碱度 7.14 g，导致 pH 下降；在反硝化过程中，去除硝酸盐氮的同时消耗碳源，这部分碳源折合 DO 2.6 g，另外反硝化补偿碱度 3.57 g。

反硝化反应与硝酸根、亚硝酸根浓度基本无关，与反硝化菌的浓度呈一级反应关系。因此，在反硝化过程中提高污泥浓度有助于提升反硝化效率，缩减池容。

反硝化的影响因素主要包括微生物种类和数量、碳源、C/N 值、溶解氧、温度、pH 等。

4. 生物脱氮过程关键控制因素

（1）脱氮过程中碳源的种类、变化、供给及调节

无机碳、有机碳供给情况对脱氮效率有重要影响。

硝化反应主要参与者是自养型微生物，主要消耗无机碳，会消耗水中的碱度。因而，在硝化反应中要留意碱度的变化，必要时需要补充碱度。

反硝化反应中多为异养型微生物，需要有机碳源的供给。通常 C/N>4～5 的污水，才能满足反硝化脱氮对碳源的要求。近年来，城镇污水碳含量较低，很多水厂由于碳源不足导致脱氮效率低，NO_3^--N 处理难以达标。低 C/N 值污水脱氮需要考虑的方法主要有下面几种可能。一是改善低 C/N 值的条件；二是降低脱氮的单位需碳量。改善低 C/N 值的方法可以根据污水特征选择吹脱法、化学沉淀法等物理化学方法，以及投加碳源的方式解决。为保证反硝化效果，常常需要补充碳源。常规碳源以溶解有机物为主，如葡萄糖、甲醇、乙醇、乙酸等。为弥补液态传统碳源在投加控制、残留等方面的不足，固态碳源的研究受到重视。可生物降解的合成聚合物，如聚乳酸（PLA）、聚 3- 羟基丁酸（PHB）和聚己内酯，均可被用作碳源。它们具有较高的反硝化效率和比天然碳源更少的溶解有机碳释放，但成本较高。以秸秆等生物废弃物为主要原料加工合成固态碳源研究显示出巨大的吸引力。

降低脱氮的单位需碳量的方式有短程反硝化、厌氧氨氧化、提高脱氮有机物利用率，以及化学氧化除氨等。

（2）溶解氧

在常规的反硝化过程中，溶解氧是需要重点监测和控制的因子。反硝化最初被认为是一种严格的缺氧过程。有氧存在，反硝化过程中所涉及的酶活性受到抑制。微生物利用氧气作为电子受体，氧化有机物产生的能量远高于以硝酸盐或亚硝酸盐为电子受体时所产生的能量。因此，在硝酸盐和氧气共存时，微生物优先选择氧气作为它们的终端电子受体。因而通常反硝化过程混合液的溶解氧浓度应控制在0.5 mg/L以下。

参与反硝化过程的微生物并非只有上述厌氧的菌种。尽管多数反硝化微生物只能耐受较低浓度的溶解氧，近年来还是发现了一些可以在一定溶解氧环境中发挥反硝化作用的微生物。罗伯逊等于1988年研究指出，即使在溶解氧饱和度为80%～90%的培养基中，泛营养硫球藻（*Thiosphaera pantotropha*）仍具有活性反硝化酶。此后，人们开展了许多研究，以了解氧气对各种反硝化菌生长和反硝化效率的影响，并观察到一些反硝化菌能够耐受高浓度的氧气。还有些反硝化微生物（如*P.denitrificans*）在有氧的环境中生长，但在缺氧的条件下才具有脱氮的能力。

（3）温度

温度是污水生物处理重要的生态因子，对微生物的生长、繁殖、新陈代谢有重要影响。研究证实，BOD去除率和硝化程度从10℃开始明显降低。此外，温度对活性污泥的絮凝沉降性能、曝气池充氧效率以及水的黏度都有较大影响。正常水处理条件利用的是中温菌，温度在15～35℃有较好的活性，当水温低于8℃或高于35℃时，微生物反应的速度明显降低。Lakha等（2009）报告了在10℃下生长的曼德利假单胞菌（*Pseudomonas mandelli*）同时硝化和反硝化基因的长滞后期和延迟表达。中国工程建设标准化协会《寒冷地区污水活性污泥法处理设计规程》（CECS 111—2000）提出冬季水温一般为6～10℃、短时间为4～6℃的城市污水活性污泥法处理设计和运行规程。

根据生长温度特性，微生物大致可分为3类：高温菌、中温菌和低温菌。低温菌通常又被细分为两类：一类是必须生活在低温条件下，其最高生长温度不超过20℃，在0℃可生长繁殖的微生物称为嗜冷菌；另一类是最高生长温度高于20℃，在0～5℃可生长繁殖的微生物称为耐冷菌。在自然界低温环境中的确存在嗜冷菌（psychrophiles）和耐冷菌（psychrotrophs），已发现的嗜冷菌有微球菌属、动性球菌属、无色杆菌属、黄杆菌属、产碱菌属、螺菌属、梭菌属、噬纤维菌属、节杆菌属和假单胞菌属等；耐冷菌有假单胞菌属、动性球菌属、微球菌属、生丝单胞菌属、鞘氨醇单胞菌属、盐杆菌属、弧菌属、节杆菌属、假交替单胞菌属等。这两类微生物的生态分布和低温微生物学特征均存在差异，它们以独特的生理功能适应环境。当环境温度超过其最高生长温度时，有些嗜冷菌细胞溶解且随之死亡。而耐冷菌比嗜冷菌更能忍受温度波动，其温度适宜范围也比较宽。因此，耐冷菌可能更适用污水处理。这些微生物的发现给低温污水处理工作者带来了希望。Ray 等（1999，1998）、Gounot（1986）、Herbert 等（1992）、Shinsuke 等（2006）、Corien 等（2005）分别从嗜冷或耐冷微生物细胞膜中的脂类、蛋白合成、基因表达等方面对微生物适应低温的生物学机制做了研究。Chevalier（2000）从南极和北极分离到四株耐冷的丝状蓝细菌（cyanobacteria）。该菌在低温（5℃）环境条件下对氮和磷有一定的去除率。但由于此类微生物生长缓慢，随污水流失严重，需要大量而且持续投加，因而不大可能工业应用。韩晓云等（2006）研究了固化低温耐冷菌在污水处理中的应用，但低温脱氮、除磷并不理想。此外，这些研究在除氮机制方面都过于粗疏，未能分辨除氮的原因是微生物吸附、同化还是异化产生的效果。研究人员从低温菌种筛选和培育、菌种流加、微生物固定、工艺调整、工艺参数调控等角度努力强化低温除氨效果，但其具备实际意义的成功实践未见报道。在近期短程反硝化、厌氧氨氧化的研究中，低温对微生物的抑制作用同样无法回避。

低温导致微生物所分泌的细胞外聚合物变少以及酶催化作用的减弱降低了生化反应速度，微生物代谢功能减弱。吸附在活性污泥表面上的有机物，不能很快被降解，未降解的有机物在活性污泥吸附表面积累，在一定程度上改变了吸附表面的性质。污泥的表面活性恢复得较慢，从而降低了活性污泥的吸附作用。低温导致丝状菌的过度生长是寒冷地区冬季和春季污泥膨胀的主要原因。丝状菌过度生长进一步导致污泥比阻和沉降指数增大，使污泥的压缩性降低而难以沉降。

除对脱氮效率的抑制外，低温还可能导致脱氮效率及脱氮产物的不同。生物脱氮过程中产生氮气之外的其他气态产物，如 N_2O 等属于温室气体。N_2O 作为不完全反硝化的产物，被认为贡献了全球温室气体排量的 6%（USEPA，2014）。Adouani、Vasilaki 等先后于 2015 年和 2018 年研究发现低温反硝化导致 N_2O/TN 占比升高的现象。

在寒冷地区建设污水处理厂时，除要充分考虑原水的水质状况、水量变化、处理水的出路、占地面积、运行费用等因素外，还需考虑低温对生物处理的影响。由于特殊的气候条件，北方地区污水处理厂设计时必须慎选设计参数，注意构筑物及设备管阀的保温。要采取适当的技术措施，保证在低温季节也能正常运行。

（4）pH

氨氧化菌和亚硝酸盐氧化菌的适宜pH分别为7.0～8.5和6.0～7.5。当pH低于6.0或高于9.6时，硝化反应减弱甚至停止。硝化细菌经过一段时间驯化后，可在低pH（5.5）的条件下进行，但pH突然降低，会使硝化反应速度骤降。

反硝化细菌最适宜的pH为7.0～8.5，当pH低于6.0或高于8.5时，反硝化速率将明显降低。此外pH还会影响反硝化最终产物。

硝化过程消耗废水中的碱度会使废水的pH下降（每氧化1 g将消耗7.14 g碱度，以$CaCO_3$计）。相反，反硝化过程则会产生一定量的碱度使pH上升（每反硝化1 g将产生3.57 g碱度，以$CaCO_3$计）。由于硝化反应和反硝化过程是序列进行的，反硝化阶段产生的碱度并不能弥补硝化阶段所消耗的碱度。因此，为使脱氮系统处于最佳状态，应及时调整pH和碱度。

（5）共存离子

共存离子对生物脱氮过程有重要的影响。主要的共存物质可以分为必需营养物质和抑制物质两类。必需营养物质主要是指生物脱氮过程中所涉及的微生物生长、代谢、增殖所必需的营养物质。某些有机物和一些重金属、氰化物、硫及衍生物、游离氨等有害物质在达到一定浓度时会抑制硝化反应的正常进行。这些物质就是抑制物质。有机物抑制硝化反应的主要原因：一是有机物浓度过高时，硝化过程中的异养微生物浓度会大大超过硝化菌的浓度，从而使硝化菌不能获得足够的氧而影响硝化速率；二是某些有机物对硝化菌具有直接的毒害或抑制作用。

（6）污泥龄（生物固体的停留时间，SRT）

为了保证硝化池硝化菌生物量，系统的SRT必须大于自养型硝化菌的比生长速率。泥龄过短会导致硝化细菌的流失或硝化速率的降低。在实际的脱氮工程中，一般选用的SRT应大于实际的SRT。对于活性污泥法脱氮，污泥龄一般不低于15天。污泥龄较长可以增加微生物的硝化能力，减轻有毒物质的抑制作用。但在同时脱氮除磷的系统中，SRT的延长会降低除磷的效果。因而，生物脱氮和除磷过程中 SRT 需要协调和控制。

（7）循环比（R）

内循环回流（污水回流）的作用是向反硝化反应器内提供硝态氮，使其作为反硝化作用的电子受体，利用反硝化池中的碳源，达到脱氮的目的。循环比不但影响脱氮的效果，而且影响整个系统的动力消耗，是一项重要的参数。循环比的取值与要求达到的效果以及反应器类型有关。污水回流液中除去硝酸盐氮，还有较高浓度的溶解氧。溶解氧对厌氧或缺氧过程有一定程度的影响，可能干扰除磷过程。比较高的污水回流比可以更彻底地脱氮，代价是回流动力能耗，另外可能对除磷过程造成冲击。有数据表明，循环比在 50% 以下，脱氮率很低；脱氮率在 200% 以下，脱氮率随循环比升高而显著上升；循环比高于 200% 以后，脱氮效率提高幅度减缓。因此，一般情况下回流比为 200%～300% 较为经济。

5. 生物脱氮的热点

传统硝化反硝化的生物脱氮过程中，适宜的碳源是反硝化菌高效脱氮的关键。采用传统脱氮工艺的处理系统由于污水 C/N 较低导致其脱氮能力受到挑战。污水 C/N 低的原因主要是原污水构成特征的变化和污水脱氮前经历（前处理过程）导致的变化。随着经济高速发展，生活水平的提高，人们的饮食结构发生变化，生活污水中总氮含量增加；相应地，养殖废水、垃圾渗滤液和部分化工废水等总氮含量都较高。此外，污水处理脱氮和 BOD/COD 的有效控制是同样重要的目标，在污水处理过程中如何实现上述目标的均衡和同步达成是水处理工艺需要深化和细化的重要课题。目前主流的污水处理工艺中有机碳在上游工艺被过度消耗［如曝气池微生物同化过程中有机碳的消耗与剩余污泥量之比为（25～30）：1］，到下游反硝化脱氮阶段又出现有机碳不足的情况仍大量存在。这使得整体水处理过程在这两个环节上都出现成本或运行时间上的不经济；同时使低 C/N 脱氮的问题变得更加突出。

4.2.6.2　亚硝化反硝化（短程反硝化）

1975 年，Voet 发现在硝化过程中 HNO_2 积累的现象，并首次提出了亚硝化—反硝化生物脱氮。随后国内外许多学者对此进行了大量研究。研究表明，生物处理氨氧化（脱氮）是由两类独立的氧化菌群催化，氨氧化菌（AOB）和亚硝酸盐氧化菌（NOB）分别氧化氨氮和亚硝酸盐氮生成亚硝酸盐氮和硝酸氮。而对于反硝化菌，无论是 NO_2^- 还是 NO_3^- 均可以作为最终受氢体。因而生物脱氮过程也可以经 NH_4^+—HNO_2—N_2 的途径完成，即亚硝化反硝化。该过程减少了硝化需氧量，完全硝化需要 4.57 mg O_2/mg N，亚硝化仅需 3.43 mgO_2/mg N，因此，可节省曝气成本 25%。此外，亚硝化反硝化（即短程反硝化）节省碳源大约 40%，反硝化速度加快 1.5～2 倍。亚硝化反硝化作为一种低能耗、低碳耗的途径比传统全程反硝化更有利于低 C/N 污废水脱氮（图 4-4）。

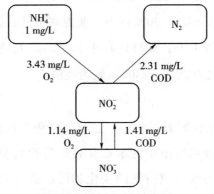

图 4-4　硝化反硝化、亚硝化反硝化工艺需氧量及需碳量

亚硝化反硝化实施的关键和标志是在氧化阶段实现亚硝酸盐氮的累积，需要设法抑制亚硝酸盐氧化菌（NOB）的同时丰富氨氧化菌（AOB）。

4.2.6.3　厌氧氨氧化

亚硝化反硝化以有机碳为电子供体，降低了单位脱氮量对碳源的需求量。厌氧氨氧化的发现进一步降低了单位脱氮量的碳源需求量。厌氧氨氧化以氨氮为电子供体，亚硝酸盐氮为电子受体完成脱氮过程，显然在这一角度上是较亚硝化反硝化更有利于低 C/N 污废水脱氮的方法。好氧条件下，原水中部分氨氮（NH_4^+-N）被氨氧化菌（AOB）氧化为亚硝态氮（NO_2^--N），生成的 NO_2^--N 继而在厌氧氨氧化菌的作用下与 NH_4^+-N 作用转化为氮气。厌氧氨氧化途径的发现引发了国内外学者的格外关注和研究热潮。理论上分析，与传统的硝化反硝化过程相比，厌氧氨氧化是无机自养脱氮反应，反应途径短；在精密、有效控制下，它不需要另外投加有机碳源；污泥产量低；节省了大约 60% 用于曝气的能量消耗；减少了温室气体 CO_2 及 N_2O 的排放（图 4-5）。

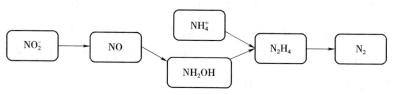

图 4-5　厌氧氨氧化细菌的代谢途径

与亚硝化反硝化类似，厌氧氨氧化实现的关键是亚硝酸盐氮的供给，亚硝酸盐氮供给的方式有部分氨氧化法（PN）和硝酸盐氮还原法（PDN）。目前这两种生成亚硝酸盐氮与氨氮反应脱氮的方法都有尝试。前者关键在于抑制亚硝酸盐氧化菌（NOB）同时丰富氨氧化菌（AOB）；PDN 的能耗和碳耗更大一些。

目前对反硝化脱氮过程的研究除去上述短程反硝化、厌氧氨氧化之外，还有自养反硝化等方面。这些研究集中在原理、基础运行条件及其控制，以及反硝化过程在上述条件下产物的构成（氮气、N_2O 等）及控制等方面。

N_2O 作为重要的温室气体，其温室效应潜能是 CO_2 的 298 倍，并且能造成臭氧层破坏。因而污水处理尤其是亚硝化反硝化中 N_2O 的生成及控制受到密切关注。早期研究认为，N_2O 的产生主要由缺氧和厌氧条件下的反硝化过程驱动；近年来发现氨氧化细菌（AOB）和氨氧化古菌（AOA）也能产生 N_2O。亚硝化反硝化脱氮过程中，碳源充足条件下，NO_2^- 和 N_2O 同时被还原，不会产生 N_2O 的大量积累；低碳氮比条件下，亚硝态氮还原酶和氧化亚氮还原酶竞争内源碳电子供体，导致 N_2O 的积累。Itokawa Hiroki、Faqian Sun 等的研究显示 C/N 为 5 附近时，有利于抑制 N_2O 的排放；当 C/N 小于 3 时，N_2O 排放量增加。因此，如何在低 C/N 条件下减少 N_2O 的排放并实现脱氮，仍是有待解决的问题。

4.2.6.4　生物除磷

生物除磷，是指污水处理中通过使活性污泥交替在厌氧以及好氧状态下运行，能使具备聚磷作用的聚磷菌占优势生长，大量吸收水中的磷。此时，活性污泥含磷量比普通活性污泥高，通过排放富磷剩余污泥，实现污水中磷的去除。

1. 生物除磷的基本过程

（1）好氧吸磷

在好氧条件下，聚磷菌利用废水中的 BOD_5 或体内贮存的聚 b- 羟基丁酸的氧化分解所释放的能量来摄取废水中的磷。摄取行为是过量摄取，摄取量远超聚磷菌在厌氧环境中释放的磷。所摄取的一部分磷被用来合成 ATP，另外，绝大部分的磷被合成为聚磷酸盐而贮存在细胞体内。

（2）厌氧释磷

在缺乏溶解氧和 NO_3^- 的厌氧条件下，聚磷菌能分解体内的聚磷酸盐而产生 ATP，并利用 ATP 将废水中的有机物摄入细胞内，以聚 b- 羟基丁酸等有机颗粒的形式贮存于细胞内，同时还将分解聚磷酸盐所产生的磷酸排出体外。

（3）富磷污泥的排放

在好氧条件下聚磷菌所摄取的磷比在厌氧条件下所释放的磷多，因而富含聚磷菌的剩余污泥中包含大量从污水中分离出来的磷。污水生物除磷工艺是利用聚磷菌的这一特点，将多余剩余污泥排出系统而达到除磷的目的。

2. 生物除磷的影响因素

（1）厌氧环境条件。①氧化还原电位：Barnard、Shapiro 等研究发现，在批式试验中，反硝化完成后，ORP 突然下降，随后开始放磷，放磷时 ORP 一般小于 100 mV。②溶解氧浓度：厌氧区如存在溶解氧，兼性厌氧菌就不会启动其发酵代谢，不会产生脂肪酸，也不会诱导放磷，好氧呼吸会消耗易降解有机质；因此溶解氧浓度低有利于释磷过程，进而促进在好氧条件下吸磷过程。③ NO_x^- 浓度：产酸菌利用 NO_x^- 作为电子受体，抑制厌氧发酵过程，反硝化时消耗易生物降解有机质，因此必须在厌氧过程中保持 NO_x^- 接近于零。

（2）有机物浓度及可利用性。$BOD_5/TP>20$，较高的 BOD 对除磷有利，碳源的性质对吸放磷及其速率影响极大，小分子易降解有机物能促进磷的释放。磷的释放越充分，好氧条件下磷的摄取量就越大。

（3）污泥龄。污泥龄影响着污泥排放量及污泥的含磷量。污泥龄越长，污泥含磷量越低，去除单位质量的磷须同时耗用更多的 BOD。同时脱氮除磷系统应处理好泥龄的矛盾。

（4）pH。与常规生物处理相同，生物除磷系统合适的 pH 为中性和微碱性（即

pH 为 6～8），不合适时应调节。

（5）温度。在适宜温度范围内（5～30℃），温度越高释磷速度越快；温度低时应适当延长厌氧区的停留时间。

（6）其他。影响系统除磷效果的还有污泥沉降性能和剩余污泥处置方法等。

3. 厌氧—好氧生物除磷工艺（A/O 工艺）

A/O 是根据生物除磷的基本原理出发而设计出来的一个工艺，其特点有水力停留时间为 3～6 h；曝气池内的污泥浓度一般为 2 700～3 000 mg/L；磷的去除效果好（76%），出水中磷的含量低于 1 mg/L；污泥中的磷含量约为 4%，肥效好；污泥的 SVI 小于 100，易沉淀，不易膨胀。

4. AAO（A²/O）同步脱氮除磷工艺

AAO 工艺是目前常见的同步脱氮除磷工艺。

污水进入污水处理系统经历厌氧、缺氧和好氧 3 个阶段，在厌氧段主要发生厌氧降解有机物、厌氧释磷等作用；在缺氧段由内回流硝化液中的硝酸盐氮和反硝化菌发挥反硝化作用，利用水中的有机碳作反硝化碳源，完成脱氮；好氧段完成有机物降解、硝化、吸磷等作用；由好氧段硝化液回流至缺氧段（图 4-6）。

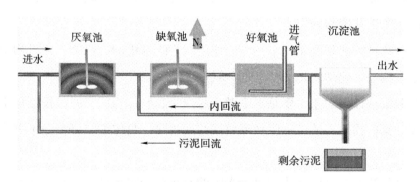

图 4-6　厌氧氨氧化细菌的代谢途径

AAO 工艺流程简单，其工艺特点主要是厌氧、缺氧、好氧交替运行，通过内回流实现硝化液回流，污泥回流控制污泥浓度，同步脱氮除磷；不利于丝状菌繁殖，无污泥膨胀之虞；无须投药，运行费用低。

该工艺的主要设计参数见表 4-1。

表 4-1　AAO 工艺的主要设计参数

水力停留时间 / h	厌氧反应器	0.5～1.0
	缺氧反应器	0.5～1.0
	好氧反应器	3.5～6.0
污泥回流比 /%		50～100
混合液内循环回流比 /%		100～300
混合液悬浮固体浓度 /（mg/L）		3 000～5 000
F/M/ $[kgBOD_5/(kgMLSS \cdot d)]$		0.15～0.7
好氧反应器内 DO 浓度 /（mg/L）		≥2
BOD_5/P		5～25（以大于 10 为宜）

4.3　物理化学处理法

物理化学处理法是指运用物理和化学的综合作用使污水得到净化的方法。常见的物理化学处理过程，有混凝、氧化还原、中和、沉淀、吸附、离子交换、萃取、吹脱和气提、膜分离过程等。物理化学法常作为回收资源、改善可生化性、深度处理等手段用于工业废水处理。

其中，化学方法是利用化学反应的作用以去除水中的有机物、无机物杂质，主要有化学混凝法、化学氧化法、电化学氧化法等。

（1）混凝法作用对象主要是水中微小悬浮物和胶体物质，通过投加化学药剂产生的凝聚和絮凝作用，使胶体脱稳形成沉淀而去除。具体细节可参照本书第 5 章相关内容。

（2）氧化法通常是以氧化剂对废水中的有机污染物等进行氧化去除的方法。废水经过化学氧化还原，可使废水中所含的有机和无机的有毒物质转变成无毒或毒性较小的物质，从而达到废水净化的目的。常用的有空气氧化、氯氧化、臭氧化法、电化学氧化法和 Fenton 氧化法。

①空气氧化因其氧化能力弱，主要用于含还原性较强物质的废水处理。空气氧化剂的低成本和安全性构成空气氧化研究的两大主要吸引力。近年来，强化空气氧化反应、催化空气氧化反应等方面的研究逐步增多。

②Cl_2是氯氧化法普遍使用的氧化剂之一，主要用在含酚、含氰等废水处理上；另外，用于污水处理中应急氨氮控制。如氯化除氨法基本过程为投入氯气或次氯酸钠等，利用Cl_2或ClO^-将废水中的氨氮转化为氮气，实现除氨氮的目的。此反应迅速、除氨彻底；但可能产生副产物、异味，成本较高。

③用臭氧同样可以处理氨氮废水，氧化能力强，二次污染相对较低。但反应温度高、总氮去除率低、出水 pH 变化大、反应机理不明等问题依然存在。

尽管化学催化氧化除氨、脱氮研究近年来受到越来越多的关注和研究，但臭氧氧化法、氯氧化法通常能耗大，成本高，不适合处理水量大和浓度相对低的化工废水。

④电化学氧化法是在电解槽中，废水中的有机污染物在电极上由于发生氧化还原反应而去除。废水中污染物在电解槽的阳极失去电子被氧化，水中的Cl^-、OH^-等可在阳极放电而生成Cl_2和氧而间接地氧化破坏污染物。

⑤ Fenton 氧化法是一种高效且经济的高级氧化技术，利用过氧化氢和亚铁离子反应产生强氧化性的羟基自由基（·OH），氧化降解废水中污染物。Fenton 氧化法氧化能力强、设备简单、易于操作、操作成本低等优点，广泛应用于造纸、印染、制药等行业工业废水处理。

（3）吸附和离子交换法具有类似的特征和原理，都是借助多孔固体材料表面对污染物的选择性吸附或交换来脱除废水中污染物，都存在饱和状态，饱和后都需要再生以恢复除污能力。因此有些地方把离子交换作为吸附的一种类型，这里也采用这种认识。吸附机制主要包括物理吸附、化学吸附和离子交换。常用的材料有沸石、活性炭、有机阳离子交换树脂和生物炭等。

吸附现象在生产、生活和自然界都普遍存在，而且在污染物分布、迁移和转化、毒效应等方面发挥重要的作用，因而长期以来都是水污染、空气污染、土壤污染等研究的热点。吸附法的研究报道很多。在水处理方面突出的研究是在饮用水水质提升的方面；污水处理领域，吸附法主要用于脱除水中的微量污染物，包括脱色，除臭味，脱除重金属、各种溶解性有机物、放射性元素等。吸附易受到水中颗粒物、有机物、共存离子（Pb^{2+}、Cu^{2+}、Ca^{2+} 和 Mg^{2+}）等的影响，因而对前处理要求高，容量相对小，操作相对复杂，成本高。用于污水处理则操作难度高、干扰物多、成本高。

与生物处理法相比，物理化学处理法能较迅速、有效地去除更多的污染物，可作为生物处理后的三级处理措施。此方法还具有设备容易操作、容易实现自动检测和控制、便于回收利用等优点。化学处理法能有效地去除废水中多种剧毒和高毒污染物。

5 给水处理方法

给水处理的目的是去除或降低原水中的悬浮物质、胶体、有害细菌、生物以及其他有害杂质，调节水中其他杂质及物理因子，使处理后的水质满足用户的用水水质要求。

给水处理的基本方法如下：

（1）去除水中的悬浮物：混凝、澄清、沉淀、过滤、消毒。

（2）去除微量有机物：吸附、氧化等。

（3）调整水中溶解物质：软化、除盐、矿化。

（4）调整水温：冷却或热处理。

给水处理的经典模式已经运行很久，以饮用水处理为例，在以地表水为原水的条件下通常都是以混凝—沉淀—过滤—消毒为主干的流程。在此基础上，针对不同来源原水的水质特点或地域环境特点在部分环节做适当的调整或强化。以下即介绍以饮用水处理为例的处理方法及流程。

5.1 饮用水处理

5.1.1 饮用水分类

饮用水通常包括生活饮用水（自来水）、包装饮用水（纯净水、蒸馏水、矿泉水、矿化水等）、精制饮用水（制水机出水）等，以及一些通过简单的加工（加热）可用于饮用、做饭的水，如井水、泉水等。

自来水就是常规意义上的生活饮用水，是指符合水源水质标准的原水经自来水处理厂净化、消毒后生产出来的符合国家饮用水标准的水。

5.1.2 饮用水处理流程

生活饮用水的处理通常采用混凝—沉淀—过滤—消毒等流程。如果水质良好，浊度低，可以采用直接过滤—消毒等构成的简捷工艺（图 5-1）。

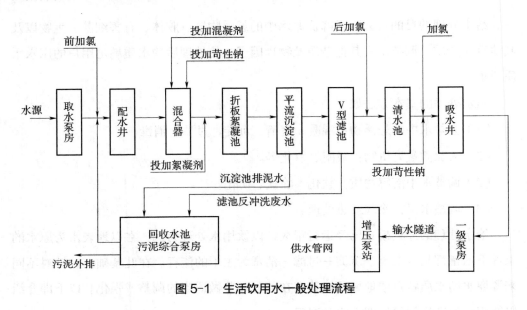

图 5-1 生活饮用水一般处理流程

5.2 混凝沉淀

水处理中最古老和最简单的分离杂质（污染物）的方法就是沉淀。沉淀效果取决于颗粒的大小、密度及水环境因素等。

5.2.1 水体颗粒物及其水环境行为

水体颗粒物是现代水质科学的重要研究对象，包含非常丰富的内容。水体颗粒物作为一类广义颗粒物，包括粒度大于 1 nm 的所有微粒实体，其上限可以达到数毫米。水处理过程中的微粒大致可分成 3 类：水中常见的微粒，主要是指黏土、细菌、病毒、腐殖质等天然成分，以及因污染带入的无机物和有机物微粒；由铝盐、铁盐等无机混凝剂所产生的水解聚合物、氢氧化物沉淀物等微粒；由合成聚合物混凝剂在水中产生的微粒。水体中常见颗粒物粒径大致范围如下：黏土（50 nm～55 μm）、细菌（0.5～10 μm）、病毒（10～300 nm）、蛋白质（10～500 nm），藻类大小差异极大，但一般的水处理中影响比较大的藻类粒径在微米级。天然水体的浊度主要是由黏土颗粒、微生物、腐殖质胶体等引起的，浊度蕴含着丰富的水质信息，是水处理中主要的处理对象。众多的水体颗粒物或分散、悬浮，或聚集沉降成为水底沉积物，并在一定条件下可以重新悬浮、迁移转化，构成影响水质的重要因素。

5.2.1.1　颗粒物的分散稳定性

颗粒物的稳定性与粒度大小、颗粒密度、水流状态等有关。对于自然水体，水流状态一定的条件下，影响颗粒稳定性的关键因素是颗粒表面构成、粒径和密度。一般情况下，对于较大的颗粒物，通过重力沉降可以实现与水体分离。但粒径为1～1 000 nm 的较小颗粒物即使是在层流条件下，自然沉降也非常缓慢甚至是不可能的，在水中可以稳定存在。比胶体颗粒稍大的微细颗粒物，粒径为 1～100 μm，其稳定性虽不及胶体强，但其沉降过程相当缓慢。因而水处理中常把胶体和微细颗粒物一同考虑作为混凝的目标杂质——胶体颗粒物。胶体颗粒物包含水中重要的污染物质或其作为其他污染物的载体，因而胶体颗粒物的性质和去除效果是决定水质优劣的主要因素之一。

胶体颗粒物的稳定性是胶体化学最重要的研究内容之一。胶体体系是多相分散体系，比表面积大，有巨大的表面能，有自发聚集的趋势，在热力学上是不稳定的；但在动力学上是稳定的。水体中胶体颗粒物的稳定性的原因主要可以归纳如下。

1. 动力学稳定性

由于胶体颗粒小，自身沉降速率小，在分散液中存在明显的布朗运动对抗重力，因而容易维持稳定的分散状态。布朗运动既是导致胶体稳定的原因之一，也是胶体脱稳的原因之一。如果没有聚集稳定性，胶体可能在布朗运动中相互碰撞、接触、聚集；但由于聚集稳定性因素的存在，布朗运动维护了胶体稳定。

2. 聚集稳定性

同种胶体内胶粒带有相同的电荷，静电相斥导致胶体之间不能靠近，因而维持稳定的分散状态。一般憎水性胶体主要是由于其带同种电荷静电相斥的作用维持胶体的稳定性。

另一种聚集稳定性是水化膜的阻碍。由于胶粒外层与水接触，外层分子或离子与水分子形成紧密的接触，因而在胶粒外层形成致密的富有弹性的水化膜，使胶粒之间不能靠近，维持稳定的胶体状态。一般亲水性胶体，如蛋白质溶液等，会形成稳定的水化膜，阻止胶体粒子之间相互靠近、脱稳。还可能是结构上的空间位阻，起到限制胶体聚集、脱稳的作用。

在憎水性胶体中，胶体表面电荷体现的聚集稳定性对胶体稳定性的影响起关键作用，动力学稳定性一般只起到辅助作用。亲水性胶体中还要考虑水化膜的作用。

5.2.1.2 胶体颗粒物的双电层理论

由于胶体表面带电，吸引溶液中与表面电荷相反的离子（反离子），同时排斥与表面电荷相同的离子（同离子），造成胶粒表面附近溶液中反离子过剩，胶体表面电荷与溶液中的反电荷构成"双电层"。双电层由吸附层和扩散层构成。由于正、负离子静电吸引和热运动两种效应相互作用的结果，溶液中的反离子只有一部分紧密地排在固体表面附近，相距 1～2 个离子厚度，称为吸附层；另一部分离子按一定的浓度梯度扩散到本体溶液中，称为扩散层。胶体双电层的存在已被电动现象（如电泳、电渗、流动电位及沉降电位等）证明。

胶体双电层是构成胶体稳定性的主要原因之一，是胶体化学、环境科学等研究的重点，在水处理、化学除杂、胶体制备等领域有着广泛的应用。众多学者经过多年的研究，对双电层结构提出过不同的理论模型。早期，Helmholtz 提出类似平板电容结构的两层平板状模型（H 型），但它无法确切区分表面电势；并且研究表明，与粒子一起运动的结合水层厚度远远大于该模型中的双电层厚度。对此，Gouy 和 Chapman 提出扩散双电层理论模型（G 型），认为溶液中的反离子并不是规整、均匀地被束缚在胶体颗粒物表面附近，而是呈扩散型分布，即反离子密集于颗粒物表面附近，随颗粒表面距离增大，反离子浓度逐渐降低，直到与溶液中同离子达到均一为止，从而在颗粒物表面形成扩散层。Stern 则进一步将 Gouy 和 Chapman 的扩散层再分成两层，即紧靠表面附近区域，由于强静电和强吸附作用使反离子牢固地被束缚在这里，由此在胶体颗粒表面与扩散层之间形成一固定吸附层，称 Stern 层

（S型）；外层为离子扩散层。

胶粒的结构比较复杂，由一定量的难溶物分子聚结形成胶粒核心，即胶核；胶核外是反离子吸附形成的紧密吸附层，构成胶粒，胶粒外层球面称为滑动面；吸附层外形成反号离子的扩散层，胶粒与扩散层形成电中性的胶团。带电的胶粒移动时，滑动面与液体本体之间的电位差称为电动电势，亦称为ζ电位。ζ电位总是比热力学电势ϕ_0低，只有在质点移动时才显示出ζ电位。ζ电位越高，胶体的稳定性越强。外加电解质会使ζ电位变小甚至改变符号，混凝剂就是利用这一原理发挥作用的。

通过测定电泳速率u可以用下式求出ζ电位：

$$\zeta = \frac{\kappa \eta u}{4\varepsilon_r \varepsilon_0 E} \qquad (5\text{-}1)$$

式中，κ——数值对球状胶粒取6、对棒状胶粒取4；

u——电泳速率；

E——电场强度；

η、ε_r——分别是分散介质的黏度和相对电容率；

ε_0——真空电容率。

胶体系统的相对稳定或聚沉取决于斥力势能和吸力势能的相对大小，粒子间距决定斥力势能和吸力势能的大小，且在某一距离范围引力势能占优势，而在另一范围斥力势能占优势。当粒子间斥力势能在数值上大于引力势能，且足以阻止由于布朗运动使粒子相互碰撞而黏结时，胶体处于相对稳定状态；而引力势能在数值上大于斥力势能时，粒子将相互靠拢而发生聚沉。调整两者的相对大小，可以改变胶体系统的稳定性。

电解质的加入会导致系统的总势能发生很大的变化。加入电解质对引力势能影响不大，但对斥力势能的影响显著。适当调整电解质浓度，可以稳定胶体，也可以使胶体脱稳、聚沉。电解质导致的胶体粒子脱稳的能力可以用聚沉值和聚沉能力来表示。

聚沉值：使溶胶发生明显的聚沉所需电解质的最小浓度。

聚沉能力：聚沉值的倒数定义为聚沉能力。

舒尔策（Schulze）-哈代（Hardy）规则表达电解质的聚沉能力强弱的规律：

电解质中能使溶胶发生聚沉的离子是反离子，且反离子价数越高，聚沉能力越强。舒尔策－哈代（Schulze-Hardy）规则可以用理论推导出下式：

$$\gamma = C_\kappa \frac{\varepsilon^3 (\kappa T)^5}{A^2 e^6 z_i^6} \tag{5-2}$$

式中，γ——聚沉值；

　　　C_k——与电解质阴阳离子电荷之比有弱相关性的常数；

　　　ε——溶液的介电常数；

　　　κ——常数；

　　　T——绝对温度；

　　　A——颗粒分子引力的常数；

　　　e——电子电荷；

　　　z_i——反离子价数。

由上式可见，聚沉值与反离子电荷数的六次方成反比。

降低或消除排斥势能的方法是降低或消除胶粒滑动面电位（ζ电位）。当ζ电位为 0 时，胶粒滑动面内部呈等电状态，此时势能消失，理论意义上此时胶粒从根本上脱稳，胶体容易聚沉。但实际上，只要将ζ电位降低到一定程度（ζ_k），排斥势能峰 $E_{\max}=0$，胶粒就可以脱稳、聚沉，此时的 ζ_k 称为临界电位。

5.2.2　混凝机理及其作用

混凝的主要作用是通过投加化学药剂使水中稳定分散的胶体颗粒物脱稳并且聚集成便于分离的絮凝体。混凝是非常复杂的过程，包括所有造成颗粒聚集的反应，混凝剂水解过程、颗粒脱稳和颗粒间的相互作用等。苏联水质专家 Е·Л·巴宾科夫把混凝定义为"分散颗粒由于相互作用结合成聚集体而增大的过程"。著名的水质学专家汤鸿霄院士的著作《无机高分子絮凝理论与絮凝剂》中，认为混凝是混合、凝聚和絮凝这三种连续作用的综合过程，其中还有吸附作用。

水中杂质（如细菌、病毒、有机物、无机离子等）都可能在混凝中被一定程度甚至相当大比例地去除。混凝在水处理工艺中占有非常重要的地位，是去除水体污染物的重要方法，且对下游工艺如沉淀、过滤甚至消毒等影响深远。

比较普遍被接受的混凝机理有压缩双电层、吸附电中和、黏结架桥以及卷扫絮凝四种。由于混凝过程相当复杂，涉及水的基本条件、混凝剂的形态组成、混合条件和方式等因素，通常以上的机理不是单纯地起作用，而是相互关联、综合作用的结果。

1. 压缩双电层

当两个胶粒相互接近以至双电层发生重叠时会产生静电斥力。加入的电解质（混凝剂）使水中带异号电荷离子增加。水中的反离子与扩散层原有反离子之间的静电斥力将部分反离子挤压到吸附层中，从而使扩散层厚度减小。由于扩散层减薄，颗粒相撞时的距离减少，相互间的吸引力变大。颗粒间排斥力与吸引力的合力由斥力为主变为以引力为主，颗粒就能相互凝聚。对于亲水性胶体，水化作用是亲水性胶体聚集稳定性的主要原因。亲水性胶体也存在双电层结构，但 ζ 电位对胶体稳定性的影响通常小于水化膜的影响。

混凝剂投量对微粒 Zeta 电位和浊度的影响如图 5-2 所示。

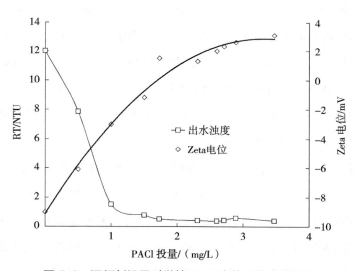

图 5-2　混凝剂投量对微粒 Zeta 电位和浊度的影响

2. 吸附电中和

胶粒表面对异号离子、胶粒或链状离子带异号电荷的部位有强烈的吸附作用而中和自身部分电荷，减少了静电斥力，使之容易与其他颗粒接近、互相吸附而凝聚。混凝剂一般为高价电解质及其聚合离子，这些成分在有效压缩双电层的同时，发挥着吸附电中和的作用。

3. 吸附架桥作用

吸附架桥指投加的水溶性链状高分子聚合物絮凝剂（一般具有链状结构）在静电力、范德华力和氢键力等的作用下，分子链上的某基团吸附一颗粒后，其他基团可伸展于水中吸附其他胶粒，形成胶粒—高分子物质—胶粒聚集体，将胶体和悬浮颗粒吸附、黏结、架桥形成絮体而脱稳、沉降的过程。其间的黏附作用可能是静电力，高分子有机物不同位置的残基所带电荷不同，异种电荷静电吸引可能形成黏附；也可能是其他作用力，如形成配位键、氢键等。吸附架桥很好地解释了某些高分子絮凝剂的絮凝作用。不带电甚至带有与胶粒同性电荷的高分子有机物也可以产生絮凝作用，就是通过架桥作用使粒子脱稳形成絮体。

4. 沉淀物网捕

混凝剂进入水中水解生成的沉淀物在自身沉降过程中，集卷、网捕水中的胶体微粒，使之包裹于沉淀中一同除去。网捕作用被认为是一种机械作用，大量的混凝剂水解形成沉淀过程中，吸附、裹挟水中的其他杂质，混杂在沉淀中共同分离。网捕过程是利用混凝剂在水中同胶体颗粒物一起交织成立体网络结构，水中的胶体颗粒污染物等杂质被固着在网络内，之后把水从网络间隙中挤出来，达到净化效果。网捕过程的一个缺点是消耗的混凝剂的量大，从而产生的污泥量较大。网捕过程所需的混凝剂与原水杂质含量大约成反比关系，也就是杂质含量越多、所需混凝剂越少；杂质含量越少，所需混凝剂越多。

混凝过程中投加的促沉药剂都可以叫作混凝剂，也称为絮凝剂。这两种叫法一般可以通用。传统的混凝剂（如铝盐、铁盐），后来发展出现多种混凝剂（絮凝剂），包括无机高分子絮凝剂、有机高分子絮凝剂、天然絮凝剂等。多种混凝剂各具特色，在不同领域发挥各自的作用。作为饮用水处理用的混凝剂要求对人体健康无害，混凝效果好，残留量低，使用方便及价低易得。如果用于污水处理，则混凝剂的选择就更加宽泛。

5.2.3 混凝工艺控制

通常的混凝过程包括投药、混合、絮凝反应和沉淀几部分。其机理如图 5-3 所示。

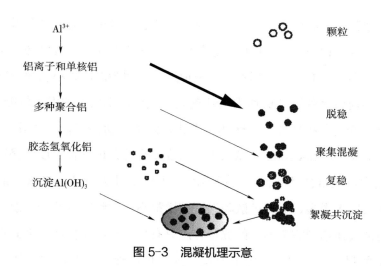

图 5-3 混凝机理示意

投药后混合的目的是使药剂迅速均匀地扩散到水体中，并提高颗粒物发生碰撞、黏结的机会。混合设备的水力学控制参数是混合的强度和时间。混合阶段要求对水进行剧烈搅拌，使混凝剂迅速、均匀地与水混合并进行水解和缩聚反应，在此阶段会有微絮体形成。强烈的搅拌不仅使混凝剂和 pH 保持均匀一致，还可以增加微絮体的密实度和抗剪切能力。由于混凝剂的水解缩聚反应及微絮体形成速度很快，所以一般混合时间较短，混合的时间一般在 2 min 以内。絮凝反应提供颗粒及絮体相互碰撞、结成大粒度絮体的条件，以利于后续的沉淀分离过程。

在机械搅拌混合池中，旋转的桨叶把能量传递给水体，造成水体强制对流。混合过程正是在强制对流作用下经过对流和涡流扩散，最终达到分子级混合。桨叶把动量传递给周围水体，产生高速转动水流，该水流又推动周围水体，使全部水体在池内循环流动，这种大范围的循环流动称为"宏观流动"，由此产生的全池范围的扩散叫主体对流扩散。主体对流扩散能把药剂不断移动、变形分割成较大的液滴"微团"。当桨叶迅速转动时，桨叶后会存在瞬时速度梯度，发生局部剪切流动，而局部剪切流动会导致生成不同尺度的大、小涡流群。这些涡流迅速向周围扩散，形成局部范围内水体快速而紊乱的对流运动，由此造成的局部对流扩散称为涡流扩散。涡流扩散把较大的液滴"微团"进一步变形、分割成更小的"微团"，通过小"微团"界面之间的涡流扩散，把不均匀程度降低到涡流本身的大小。实际上，涡流尺度是一个连续变化的值，由一系列不同尺度的涡流叠加而成，其中大、小涡流并不各自独立存在，而往往表现为大涡流中包含着许多小涡流的复合涡流。最大涡流的尺度通常具有相当于桨叶尺度的数量级，大涡流之间相互接触冲涌，逐渐破裂成越来越小的涡流。但这个过程不能无限地进行，因为涡流越小，涡流速度梯度就越大，阻止涡流流动的黏性剪切力也就越大。直至最小尺度的涡流将能量耗散掉，即由机械能转变为非机械能——热能。因此，涡流运动存在着一个最小涡流尺度，即柯尔莫果洛夫（Kolmogoroff）微尺度，且在整个体系内各种尺度的涡流都是处于动态平衡之中。通常搅拌条件下，微团的最小尺度可达 10^{-5} m 量级，最小涡流尺度也比分子尺度大得多，对流扩散和涡流扩散都不能达到完全的均匀混合，要使液滴微团最终消失而达到完全均匀的混合状态只有靠分子微观扩散。因此水力搅拌不仅需要一定的强度，还需要一定的时间。搅拌可以促进混合过程，使微团尺度减小，大大增加分子扩散表面积，减小扩散距离，从而提高微观混合的速率。

水力混合与机械混合机理相同，只是维持涡流运动的能量来自水体本身的耗散。在高雷诺数条件下，混合池内的涡流按其强度和尺度特征可分两个子区：惯性子区（主流宏观区）和黏性散逸子区（亚微观区）。由于强烈的紊流脉动作用，两区间质量交换迅速。黏性散逸子区紧邻壁面，是很薄的流层，该区近似满足局部平衡条件，涡流尺度与柯尔莫果洛夫微尺度相当，涡流内微观混合迅速，可认为是很快完成的。惯性子区是主流区，水流近似均匀流，区域内紊流切应力是主要特征因素，黏性切应力很小，只能产生尺度大而强度低的涡流，涡流扩散混合为主，相对较慢，主导整个混合过程的时间。

药剂在入水后迅速水解，水解聚合体在搅拌作用下在水中做相对运动，吸附或捕集水体污染物（包括颗粒物、胶体物质、其他污染物）。在捕集、吸附的同时，通过水力剪切力对污染物和混凝剂形成的微絮体进行筛选。由于混合过程水剪切力较大，混凝剂、絮体等在与污染颗粒结合或者相互结合时必须克服搅拌水流产生的剪切力；因此结合力必须大于搅拌剪切力。如果使用聚合铝混凝剂，则混凝剂形态和混合情况之间存在相应关系。不同的混凝剂形态其带电状况、电中和能力和特征吸附物质都有区别；在较强的混合强度下，只有结合力较强的结合物才有可能被保留下来进入下一个流程絮凝阶段。

絮凝阶段也要有一定的水力条件，要求水体有适当的紊动性。随着絮体的逐步增大，水流紊动应该逐步减弱，以防止絮体破碎。因此在絮凝阶段搅拌强度和程序的选择非常重要，主要的参数是搅拌强度、搅拌时间、搅拌方式、搅拌程序。

最终形成的絮体进入沉淀池或者气浮池分离出水体，实现污染物、混凝絮体的去除和水体净化。

5.2.4　混凝效果的影响因素

影响混凝效果的因素比较复杂，主要有以下一些：

（1）原水性质，包括水物理化学特征、杂质性质和浓度等；原水的物理化学特征包括水温、碱度、pH 等。比如，水温低时，通常絮凝体形成缓慢，絮凝颗粒细小、松散，凝聚效果较差。其原因如下：

①无机盐水解是吸热反应，低温不利于混凝剂水解形成优势混凝形态。

②温度降低，黏度升高，布朗运动减弱，不利于胶体脱稳和絮凝物的成长。

③水温低时，胶体水化作用增强，妨碍凝聚；

④水温与水的 pH 有关，水温低时水的电离程度减弱导致 pH 发生变化，影响混凝剂的水解，混凝效果进而受到相应的影响。

（2）投加的混凝剂种类与数量。

（3）使用的絮凝设备及其相关水力参数。

5.2.5　混凝对水污染的控制效果

混凝是非常复杂的过程，涉及众多的反应物和反应。水中绝大多数的杂质都以某种方式参与混凝过程。这些杂质连同混凝剂和水解混凝剂一起，发生着复杂的物理、化学甚至生物变化。在这一系列变化中，很多杂质都被不同程度地以某种方式结合到絮体之中，在后续的沉淀/气浮或者过滤中被从水中分离出去，水质从而得以净化。

混凝处理后去除了水中的哪些物质或杂质？另外，混凝有没有给处理后的水中增加了什么？

胶体颗粒物的去除是混凝工艺表观的结果。胶体颗粒物在混凝过程中被脱稳、聚集，形成大的絮体沉降分离，从水中去除。而胶体颗粒物包括非常复杂的物质组成。铝、铁及重金属水合氧化物、聚硫化物、新生微晶体等；各种农药、染料、卤代烃、多环芳烃、多氯联苯、内分泌干扰物等；病毒、生物毒素、藻毒素以及属于蛋白质、多糖、酶等类的污染物如生物分泌物、激素、信息素等，这些污染物或其常见的附属形态（如上述一些分子或者离子经常被吸附在某些胶体粒子的表面，或者聚集形成胶体）的尺度都在属于胶体颗粒物的范围，即使是它们的聚集体或者复合体一般也处于胶体颗粒物的范围。混凝过程对这些物质都可以较大幅度地加以去除。细菌、藻类等微生物虽然尺度大于胶体范围，在微米级别，但自然沉降非常缓慢，因而除消毒、灭活外，也主要依靠混凝工艺去除。混凝可以去除90%以上的藻类，有些水的混凝除藻率甚至可以达到98%以上。据报道，混凝对颗粒及胶体尺度有机物去除能力强，去除率可达98%。

有机物是水中重要的杂质，对水质有重要影响。消毒副产物是水中有机物和消毒剂作用的结果，近年来对其研究日益活跃。水中溶解性有机物（DOC）难以被混凝沉淀工艺去除，DOC在混凝沉淀工艺中的去除率通常仅为20%左右，有报道甚至不足10%。另外DOC是消毒副产物的重要前体物质，去除DOC有助于降低后续消毒过程中消毒副产物的生成量。因而应该在经济、技术许可的前提下，尽可能地降低DOC的含量，强化混凝就是可行的方法之一。水中颗粒及胶体形态有机物与溶解性有机物存在一定的互变或平衡，胶体颗粒形态的有机物可以转变为溶解性有机物，溶解性有机物也可以在一定条件下转化为胶体或颗粒态有机物。因而混凝对颗粒及胶体形态有机物的去除，连同对溶解性有机物的去除都对水质改善具有重要的意义。混凝除浊、除藻以及有机物的效果与混凝剂类型、pH、预处理情况、混凝剂投量、水力条件和水质基本状况有关。

混凝沉淀后的水中残余物主要有有机物、混凝剂等，将进入过滤消毒环节。过滤对这些残余物有一定程度的去除作用，但其中的一部分还是进入消毒工艺，与消毒剂接触，有可能形成消毒副产物DBPs。混凝剂残留主要是铝离子、铁离子等的残留。铝离子的健康效应曾受到关注，为此，有些国家和地区认为铁系列混凝剂更有利于健康。真实情况或许并非如此，可参看前文。铁离子残留量高会导致出水有颜色，影响感官、构成硬度，可能为微生物生长提供基础条件。

5.3　过滤

5.3.1　过滤

　　过滤是使悬浮液通过能截留固体颗粒、并具有透过性的介质来进行分离的过程，是悬浊颗粒流体混合物分离的重要手段。在饮用水处理中，过滤是使含悬浮物等杂质的水流过具有一定孔隙率的过滤介质，水中的悬浮物等杂质被截留在介质表面或内部而除去的过程。这种介质可以是颗粒滤料，也可以是有选择性透过能力的膜。原水经过混凝—澄清（沉淀 / 气浮）等处理后，水中的杂质大幅度降低，但其中仍含有微小颗粒、部分微生物、有机物以及其他溶解物质，水质仍不能达到饮用水标准，必须经过过滤处理以提高水质。

　　过滤是最早用于净化水中颗粒物的有效手段之一，至今仍是饮用水处理中的关键工艺，通常不可缺少。1852 年，英国伦敦就通过法案，规定所有的供水都必须经过过滤处理。细胞学和流行病学研究证实，霍乱、腹泻等急性疾病属于水媒疾病，很多致病菌或病毒在水中以颗粒物、胶体形态存在。饮用水过滤有效降低了此类致病因子的危害。此后，过滤处理被更广泛地推广应用。目前世界各地的所有水厂绝大多数必备过滤系统。

　　过滤不仅可以改善水的感官性质，未经混凝的直接过滤一般可去除浊度 63%～95%，可以去除部分有机物 15%～69%，对除铁、锰等金属离子也有一定效果；而且可以去除大部分混凝沉淀后残余在水中的微生物。慢速砂滤能有效去除残存的微生物，如大肠杆菌、病毒、阿米巴包囊、贾第鞭毛虫包囊去除率可达 99% 以上。

　　尽管膜处理已经越来越广泛地得到推广，其生产规模也不断提高，但一般饮用水处理中的过滤仍然是通过滤池实现的。滤料一般是一定粒度和级配的石英砂、无烟煤等。滤池过滤主要去除对象是粗大颗粒、细微粒子、细菌、病毒和高分子物质等。饮用水过滤中的主要目标物来自两个方面，其一是原水中未被上游处理过程（如混凝 / 沉淀、气浮等）去除的杂质，如细小的泥沙、微生物（细菌、藻类、病毒等）、有机物（颗粒态、胶体态以及有机大分子）等；其二是源于上游水处理过程，如混凝、软化、氧化等工艺中形成的微小絮体、钙镁沉淀、铁锰等金属离子的氧化沉淀物等。滤池进水浊度一般要求在 10 NTU 以下，出水浊度必须达到饮用水标准。

过高的进水浊度将缩短滤池的过滤周期，增加反冲洗的频率，导致产水量降低。过滤一般设置在沉淀池或澄清池之后，一般流程是原水—混凝沉淀 / 澄清—过滤。

混凝沉淀处理可以提高过滤效果或整体处理效果。由于混凝—沉淀—过滤已经成为经典的饮用水处理工艺，研究报道中容易模糊各段去除率的界限，但显然经过混凝沉淀处理后再过滤，各类污染物总体去除率显著提高。混凝沉淀后经快速砂滤，金属、滴滴涕、有机磷农药去除效果；对大肠杆菌、病毒、阿米巴包囊等微生物去除效果均比直接过滤有显著提高。如直接过滤去除脊髓灰质炎病毒仅1%～50%。加明矾混凝—沉淀—过滤后，去除率可达 99.7% 以上。

对水质较好的原水，可以采用直接过滤，就是原水不经历沉淀而直接进入滤池过滤。直接过滤包括两种形式。

一种是原水加药后，直接进入滤池过滤，过滤前没有絮凝过程。流程：原水—加药—过滤（接触过滤）。

另一种是过滤前设置微絮凝池，原水经过加药混合、絮凝形成一定粒度的微絮凝体后，进入滤池过滤。流程：原水—微絮凝—过滤（微絮凝过滤）。

产水量和水质是衡量过滤效能的最重要的两个因素。通常以地表水为原水做饮用水处理中使用混凝—沉淀—过滤的经典工艺；浊度较低，颗粒物少的原水处理中则可以选用直接过滤。这种选择就是出于在保证滤后水质的前提下，追求较高产水量的考虑。

5.3.2　过滤形式

根据采用过滤介质形式的不同，可将过滤分为下列 4 类：格筛过滤、微孔过滤、膜过滤和深层过滤。

1. 格筛过滤

过滤介质为栅条构成的格栅或滤网等。

截留物：粗大的悬浮物、水生生物，如树枝、杂草、破布、纤维、鱼虾、水草等。

2. 微孔过滤

采用成型滤材，如滤布、滤片、烧结滤管、蜂房滤芯等，也可在过滤介质上预先涂上一层助滤剂（如硅藻土）形成孔隙细小的滤饼。

截留物：粒径细微的颗粒，如泥沙、黏土、藻类等。

3. 膜过滤

过滤介质为多种不同选择性半透膜，在一定的推动力（如压力、电场力等）下进行过滤。

截留物随膜的种类而不同，水中细菌、病毒、有机物和溶解性溶质可以分别被不同类型的膜去除。膜的种类有微滤、超滤、纳滤、反渗透和电渗析等多种类型；还可以根据不同的分离条件，如温度、腐蚀性、酸碱性等，选择不同材质的膜，比如，醋酸纤维膜（CA）、聚砜膜（PSO）和聚偏氟乙烯膜（PVDF）等。

4. 深层过滤 / 深床过滤

过滤介质为颗粒状滤料，如石英砂、无烟煤、活性炭、陶粒等构成的滤床。

截留物为水中的悬浮物、微小粒子、细菌、藻类、部分有机物等。一般而言，深层过滤对水中多种杂质均有不同程度的去除能力。

以上前3类为表层过滤，表层过滤的特点是其对杂质的去除作用主要是依靠过滤介质表面的截留、筛分、拦截作用。深层过滤区别于上述3类表层过滤，除机械筛滤、拦截外，还有接触絮凝、沉淀、扩散等不同的去除颗粒物的机理，这些机理共同作用实现对多种杂质的去除。饮用水中的滤池以石英砂等滤料形成的滤床中，深层过滤是主要的过滤形式，如慢滤池、快滤池等。

5.3.3　过滤的位置

过滤对生活饮用水处理来说是必不可少的。饮用水处理中过滤的位置通常在混凝沉淀后；或投加混凝剂后直接过滤。混凝、沉淀和过滤的功能都是去除水中的胶体颗粒物等致浊物质，提高水的透明度，属于澄清过程。水的透明度提高体现的就是水质的大幅提升。从致浊物质的去除上看，普通地表水做原水时，混凝沉淀可以作为过滤的预处理，大比例去除致浊物质；之后由过滤去除残留部分。这样的安排可以在保证出水水质的基础上，权衡混凝—沉淀和过滤工艺成本和效率而得出。

5.3.4　过滤机理

5.3.4.1　过滤的动力

过滤使含悬浮物等杂质的水流过具有一定孔隙率的过滤介质，水中的悬浮物等杂质被截留在介质表面或内部而除去。过滤介质对流体（如水）必定存在阻力，为获得通过过滤介质的液流，必须在过滤介质两侧保持足够的压力差或推动力，以克服过滤介质对水流产生的阻力，并保持一定的流速。

一般过滤的推动力有下述 4 种类型。

（1）重力过滤，在水位差的作用下待滤液自上而下通过过滤介质进行过滤。这是最常用的过滤推动力，如水处理中的快滤池、慢滤池等，都采用重力作为动力。

（2）真空过滤，在真空下过滤，在过滤介质下游设置真空环境，利用上下游气压差推动待滤液通过介质。常见的设备有水处理中的真空过滤机等。

（3）压力差过滤，在加压条件下过滤，用外加压力推动待滤液通过介质。这种过滤在过滤操作中为了提高过滤速度经常使用，在水处理中的压滤滤池就是一例。

（4）离心过滤，使被分离的混合液旋转，在所产生的惯性离心力的作用下，使流体通过周边的滤饼和过滤介质，从而实现与颗粒物的分离。

饮用水处理中常用的推动力是重力和由泵产生的压力。

5.3.4.2　过滤机理的分类

过滤去除杂质机理的研究需要把过滤分为表层过滤和深层过滤两类分别表述。

1. 表层过滤

表层过滤通常指依靠过滤介质表面截留杂质粒子的分离过程。表面过滤一般发生在过滤流体中颗粒物浓度较高的情况，颗粒去除机理是机械筛除（图 5-4）。

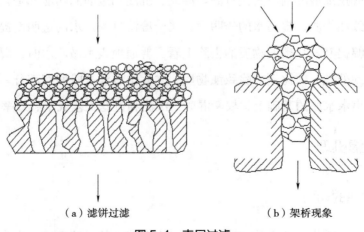

（a）滤饼过滤　　　　　　　（b）架桥现象

图 5-4　表层过滤

表层过滤的主要特征是随着过滤过程的进行，悬浮液中的固体颗粒被截留在过滤介质表面并逐渐积累成滤饼层。滤饼层厚度随过滤时间的增长而增厚，其增加速率与过滤所得的滤液的量成正比。由于滤饼层厚度的增加，因此过滤速度在过滤过程中是变化的。膜处理的过程，无论是微滤、超滤、纳滤还是反渗透，主要是依靠表面过滤实现的。慢速滤池中表面过滤机理也有一定程度的体现。

2. 深层过滤

饮用水处理工艺中的滤池既涉及深层过滤又涉及表层过滤，相对而言深层过滤更为重要。在深层过滤中，固体颗粒是沉积在过滤介质的内部，在过滤介质表面上是不希望有滤饼沉积的。

（1）机械筛滤

筛滤能去除大于滤层孔隙的悬浮物，随着过滤的进行，截留杂质增多滤层孔隙越来越小，使微小的颗粒物和微生物也被截留下来。

滤池过滤系统去除污染物的能力和效果等方面的研究表明，被去除的颗粒物粒径范围绝不仅限于大于滤料孔隙者；对小于该孔隙尺度的微小粒子，滤池仍具备相当可观的、不同程度的去除能力。另外，滤池对有机物微粒及溶解性有机物都有一定的去除效果。许多研究都表明过滤机理是比较复杂的，绝不仅仅是筛分作用，而是存在多种机理，很多情况下是多种机理共同发挥作用。

（2）接触絮凝

除机械筛除，深层过滤去除污染物的主要机理是接触凝聚，即颗粒的去除是通过水中悬浮颗粒与滤料颗粒进行了接触凝聚，水中颗粒附着在滤料颗粒上而被去除。

（3）沉淀

流体力学研究证明，水流过滤层滤料时，越是接近滤料表面，流速越慢。这种流速缓慢的局部区域为水中颗粒物沉淀创造了条件。水中较重的悬浮物由于重力作用，在过滤时可能沉积在滤料的表面上；而较轻且小于滤层孔隙的悬浮物进入滤层时，也可能在重力作用下脱离流线而沉淀在空隙中，滤层所起的作用相当于一个有巨大表面积的不规则的多层沉淀池。

（4）吸附

水流通过孔隙不断与滤材发生碰撞，悬浮物、胶体和溶解杂质可被滤材所吸附。产生吸附作用力的是范德华力和静电引力等，因而对水中胶体颗粒或滤料进行一定的修饰，可以提高过滤／吸附效果。

分析过滤中颗粒物与滤料、滤层的关系以及颗粒物相对滤料的运动过程和规律可知，可以把过滤过程大致分为迁移过程和黏附过程，这两个过程共同决定过滤效果。迁移过程决定颗粒物等杂质在水中运动到滤料表面的情况；黏附过程决定运动到滤料表面的颗粒物等杂质与滤料表面的结合情况。

3. 迁移机理

深层过滤截留颗粒尺寸远比孔隙尺寸小，故当液体在滤料孔隙中流动时，必定有某些作用力作用于颗粒，使颗粒穿越流线与滤料表面接触，这种效应称为迁移机理。

作用于颗粒，并推动颗粒穿越流线的作用如下：

（1）拦截，进入滤池的水中大于滤料孔径的颗粒物将在流经滤层时被滤料表面截留下来，构成拦截作用。

（2）重力作用力（斯托克斯沉降），当颗粒足够大（大于 5 μm），且密度远高于水的密度时，重力起主要作用。

（3）流体运动作用力，是由于砂粒孔隙中速度分布，导致孔隙截面水流存在速度梯度，以及颗粒本身的形状使颗粒受到不平衡力的作用不断地转动而偏离流线从而穿越流线。

（4）惯性，质量较大的颗粒随水流流动时其惯性也较大，当水流在颗粒间隙流动转向时，悬浮物因惯性离开流线而接触滤料表面。

（5）扩散作用力（布朗运动），当颗粒非常小时（小于 1 μm），受分子热运动影响明显，布朗运动引起颗粒穿越流线。

水中颗粒通过上述迁移机理，运动到滤料表面，通过一定的附着机理与滤料发生作用。

4. 附着机理（黏附机理）

当水中颗粒迁移到滤料表面时则明显受到范德华引力和静电力相互作用影响，另外可能存在某些化学键和某些其他化学力的影响，颗粒物将被黏附于滤料颗粒表面上，或者黏附在滤料表面上原先黏附的颗粒上。

黏附作用机理被认为包括接触絮凝、吸附等。待滤水中，胶体颗粒物虽经混凝脱稳或双电层已经被一定程度压缩，但如未形成较大絮体，或者尚未经沉淀池去除的絮体等极易与滤料表面发生凝聚作用，或以滤料为界面加速絮凝过程，即发生接触絮凝作用。黏附过程与澄清池中的循环回流的泥渣所起的作用基本类似，不同的是以作为接触絮凝界面的主体——滤料为固定介质，人为设置、排列紧密、接触絮凝效果稳定。此外，絮凝颗粒的架桥作用也可能发生作用。

因此，黏附作用主要取决于滤料和水中颗粒的表面物理化学性质。未经脱稳的悬浮物颗粒，过滤效果相对较差。由此，过滤效果更大程度上取决于颗粒表面的性质而非颗粒尺寸。相反如果悬浮颗粒尺寸过大而形成机械筛滤作用，反而会引起表面滤料孔隙堵塞。

5. 脱附行为

过滤中水流剪切力能将部分已经被黏附的颗粒物脱附，使颗粒物重新回到水流，可能影响处理效果。黏附作用是一种物理化学作用，黏附效果取决于黏附力和水流剪切力的相对大小。尽管脱附作用似乎对过滤去除杂质有负面作用，降低了过滤效果，甚至造成杂质穿透滤池；但事实上脱附和附着一样，对整体滤池效率的发挥具有重要的作用。深层过滤的特性是利用粒状介质间的孔隙进行过滤的过程，滤层截留颗粒通常小于滤料孔隙。过滤作用产生于介质层内部，每个孔隙都有截留颗粒的可能性。在重力、扩散和惯性等作用下让颗粒物与孔隙表面接触，并借助颗粒物与滤料表面间的分子力和静电作用把它们附着在滤料孔隙中。脱附行为是其中重要的环节。在滤层中水流速度不是平均分布的，也不是一成不变的。在过滤过程中，即使在同一深度的滤层孔隙中，流速也是不断变化的。孔隙被杂质占据，截留了杂质，流速就有可能加快，导致剪切力增加，引起某些截留杂质脱附。脱附的重要作用主要体现在脱附形成被截留颗粒向滤料深处拓进，并且适度的脱附导致污染物颗粒在滤层各部分及滤池深度的合理分布；还可防止滤饼的形成，防止局部阻塞，增大滤池纳污能力，提高滤料有效利用率，延长过滤周期。

5.3.5　影响过滤的因素

影响过滤效果的因素很多，较重要的有以下一些。

（1）滤料的粒径与级配：滤料粒径是指滤料的尺寸大小，可以认为是一个刚好能把滤料包围在内的假想球面直径。滤料粒径大，滤料间孔隙也大，筛滤、沉淀悬浮物作用就小，微小悬浮物易于穿过；反之亦然。滤料粒径小，悬浮物多被筛滤阻于表层，使水流阻力增大，易于堵塞。因此，滤料的粒径应适中（0.4~2.0 mm），以取得较好的过滤效果。

滤料级配是指滤料中各种粒径颗粒所占的质量比例。滤池具备适当级配的滤料层，才能取得良好的过滤效果。通常用有效粒径（effective size）和不均匀系数（K_{80}，diversity factor）作为滤料级配的指标。滤料粒径越均匀，不均匀系数越接近于1，过滤效果越好；其代价是均匀滤料生产成本较高。因此普通滤池滤料的不均匀系数 K_{80} 控制为 1.65~1.80。

（2）滤层厚度：滤料除有合适的粒径和级配外，还必须有一定的厚度，也就是滤池滤层必须有一定的深度，才能保证过滤效果。滤层厚度不小于颗粒穿透深度＋保护厚度。在过滤时，悬浮物或絮状物开始在滤层表层积聚，以后逐渐向深处移动。悬浮物穿透的深度和滤料的粒径、滤速及混凝效果有关。滤料粒径大，穿透深度大，需要滤层厚；滤料粒径小、穿透深度小，需要滤层薄。混凝效果差的待滤水，滤料粒度大、滤速快，其穿透深度较大。如快砂滤池滤速 10 m/h 时一般颗粒物穿透深度约为 40 cm，加上保护层厚度 20~30 cm，则滤层总厚度至少应为 60 cm。又如双层滤池，在砂上加一层煤粒，煤粒孔隙较大，絮状物可穿透得更深些，煤和砂的总厚度要求为 80~100 cm。

（3）滤速：滤速对过滤的效果影响很大。除造成滤池穿透深度加大外，滤速过快，悬浮物难以黏附、沉淀，致使过滤效果变差；而且水头损失加大。有效的滤速是由滤料大小、形状、厚度、水质条件及混凝效果等而定的。慢滤池滤料粒径小，原水如未经混凝处理，则滤速较慢，只有 0.1~3 m/h，否则容易堵塞。快滤池滤料粒径大，原水经过混凝处理，滤速可提高到 8~12 m/h。

（4）待滤水质：待滤水质对过滤效果影响也很大，如水的浊度、水中颗粒物的物化性质、色度、有机物、藻类等。其中影响最大的是原水的浊度。原水浊度大时，过滤时间缩短，出水量减少。据试验，单层滤料原水未经混凝沉淀，滤后水浊度将随原水浊度升高而升高。水中藻类对过滤也有较大影响，少量藻类即可使滤层水头损失增加，量大时很快将滤料孔隙堵塞。因此，对滤池进水浊度有一定要求，如快滤池进水一般应小于 10 度。

（5）滤池的配水系统：配水系统的作用是使反冲洗水在整个滤池平面上均匀分

布，同时过滤时可均匀收集滤后水。配水系统的配水均匀性对反冲洗效果的影响更大。配水不均匀会造成部分滤层膨胀不足，而另一部分滤层膨胀过度。在膨胀不足区域，滤料冲洗不干净；膨胀过度区域，会导致"跑砂"，当承托层卵石发生移动，造成"漏砂"现象，进而影响过滤效果和滤池运行的稳定。

此外，影响过滤的因素还有滤料形状和孔隙度，过滤方式，投加混凝剂、助滤剂的剂量、投加使用方式等。

5.3.6　过滤工艺控制

过滤效果是饮用水处理流程决定出水水质的关键一环。过滤效果的好坏不仅取决于过滤本身的控制，而且取决于过滤前处理和过滤操作的匹配。

衡量滤池过滤效果的主要指标与过滤目标密切相关。目前，过滤的主要水质控制指标是浊度，另外细菌总数、有机物（TOC）等也常作为滤池效率的检测指标。滤池运行指标则常使用过滤速度（产水量）、水头损失、反冲洗强度、过滤周期和工作周期等。

5.3.6.1　混凝—沉淀—过滤经典饮用水处理系统

经典的饮用水处理工艺系统为混凝—沉淀 / 气浮—过滤，至今仍在世界各地发挥作用。现以此为例说明混凝 / 沉淀对滤池的影响。

混凝 / 沉淀可以看作滤池过滤的前处理过程，对滤池有重要的影响。混凝效果的好坏直接影响絮体长大的程度和密实程度，在很大程度上决定了后期沉淀效果。混凝 / 沉淀对水中杂质去除效果好，去除率高，将有效降低滤池的污染负荷，延长滤池过滤周期，提高过滤效果和整体水质水平。反之如果混凝 / 沉淀处理效果差，则增加滤池负荷，缩短过滤周期。沉淀池设计运行状况又决定了沉后水中残余絮体的种类和粒径、残余胶体及其他悬浮物的种类、粒径以及表面性质，这些都构成滤池对颗粒物去除的重要影响因素，决定了滤后水水质。

1. 滤池中水体颗粒物去除能力和粒径的关系

研究表明：当颗粒粒径小于 1 μm 时，截留效率随着粒径的增大而降低，小粒径颗粒截留效率较高，可达 80% 左右。这主要是由于颗粒扩散效应。当粒径大于 1 μm 时，截留效率随着粒径的增大而升高，大粒径颗粒的截留效率高。这主要是滤池对颗粒物理筛分截留和重力截留作用。当粒径为 1 μm 时，截留效率最低，因为接近 1 μm 粒径的颗粒扩散效应较弱，粒径太大；而对重力和截留效应来讲，粒径又较小（图 5-5）。

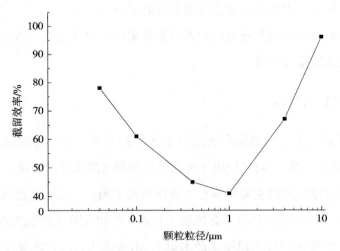

图 5-5　颗粒粒径与截留效率的关系

滤池对水体有机物有一定程度的去除，但处理效果差异非常大。造成这种差异的原因主要有水中有机物的形态，颗粒物性质、浓度，滤料粒径、表面特征，生物膜的情况，滤速，温度，pH 等。水中的有机物可能呈现不同的形态，有胶体、悬浮物、乳浊液、溶解性有机物等。滤池过滤一般对胶体、悬浮物、乳浊液等有较高的去除率，但对溶解性有机物的去除效果则非常有限。即使刚反冲后的滤池滤料对有机物有一定的吸附效果，但很快这种吸附作用就将被饱和而丧失。

2. 滤池中微生物的影响

沉淀后水中常含多种微生物，在水温较高时，这些微生物容易在滤池滤层中积累，极易在滤池中利用滤层中截留的其他杂质生长、繁殖。在一定情况下，滤层中适当的微生物存在对提高滤池有机物去除能力是有利的，这些微生物可以通过自身的代谢过程消耗一定种类和一定量的有机物；但滤层中微生物大量繁殖，尤其在快滤池中，生物繁殖是不利的，往往会使滤层堵塞，或者使得微生物穿透滤层进入下游。遇到这种情况，可通过在滤前加氯解决。

5.3.6.2　直接过滤

直接过滤指原水不经沉淀池而直接进入滤池的过滤方式。直接过滤利用了滤料表面接触凝聚或微絮凝的作用，用于原水水质较好、浊度较低的情况。

采用直接过滤时应注意的事项：

（1）原水浊度较低且水质变化较小；

（2）通常采用双层、三层或均质滤料；

（3）原水进入滤池前，不应形成大的絮凝体以免很快堵塞滤料层表面孔隙；

（4）滤速应根据原水水质决定。

5.3.6.3　过滤工艺控制

1. 滤池的结构和分类

（1）滤池的结构：最常见的滤池外观是一座混凝土构建的水池，结构由滤池池体、进水管、出水管、冲洗水管、冲洗水排出管等管道及其附件组成；滤池内部由进水渠、滤料层、垫料层（承托层）、冲洗水排出槽、排水系统等组成。

（2）滤池的分类：①按滤速大小分慢滤池、快滤池和高速滤池；②按水流过滤层的方向分上向流滤池、下向流滤池和双向流滤池；③按滤料种类分砂滤池、砂碳滤池、煤滤池和煤－砂滤池；④按滤料层数分单层滤料滤池、双层滤料滤池和多层滤料滤池；⑤按水流性质分压力滤池和重力滤池；⑥按进出水及反冲洗水的供给和排出方式分普通快滤池、虹吸滤池和无阀滤池。

2. 滤池工作过程

现以最常见的普通快速滤池为例，说明其工作过程。

过滤工艺包括过滤和反洗两个阶段：

过滤即截留污染物；反洗即把污染物从滤料层中冲走，使之恢复过滤能力。滤池实现过滤功能需要过滤—反冲洗两个过程交替进行。

滤池进水时，待滤水（一般为沉后水）自进水管经进水渠、排水槽分配入滤池，在重力作用下自上而下穿过滤料层、垫料层，由排水系统收集，并经清水管排出。工作期间滤池处于全浸没状态，水中的颗粒等杂质在滤层滤料间隙附着，被截留。

当水头损失过大，过滤达到一定的时间或者滤后水水质变差就停止过滤，进入反冲环节。反冲洗时，关闭进水管及出水管，开启排水阀及反冲洗进水管，反冲洗水自下而上通过排水系统、垫料层、滤料层，形成滤层膨胀并维持一定时间，并由排水槽收集，经进水渠内的排水管排走。反冲洗水的流量由预定的滤层膨胀率确定。

从过滤开始到结束延续的时间称为滤池的过滤周期。从过滤开始到反洗结束称为一个过滤循环（又称滤池工作周期）。

单位时间、单位过滤面积上的过滤水量称为滤速，记作

$$v = \frac{Q}{A}$$

式中，Q——滤池的过滤水量（m^3/h）；

A——滤池的过滤面积（m^2）。

单位滤池面积上的过滤水量，是表面负荷，但因其具有速度的因次"米/小时"，所以把过滤系统的表面负荷称作过滤速度。可见，滤速的实质是滤池的表面负荷。

滤池滤速是关键运行指标之一。滤速越大，产水量越高，但代价是滤池中穿透深度增大，为保证出水水质，滤层厚度要求更大；反之，滤速越小，过滤效果越好，穿透深度越小，滤层厚度越小，但产水量低。对于普通快滤池而言，其滤速一般为 $v=8 \sim 10 \ m/h$，周期为 $T=12 \sim 24 \ h$。在保证滤后水质的前提下，设法提高滤速和过滤周期，增大产水量，一直是过滤技术研究的一个重要目标。为提高滤池的截污能力和产水量，人们研发、设计了双层滤料、多层滤料等不同的滤层。双层滤料滤池滤速一般为 $v=10 \sim 14 \ m/h$，多层滤料滤池滤速为 $v=18 \sim 24 \ m/h$。

滤后水水质指标一般有浊度、颗粒物、有机物、细菌总数等。其中浊度属于综合指标，如前所述反映了颗粒物、细菌等微生物、胶体等的含量。在正常情况下，滤后水的浊度一般在 1NTU 以下。滤后水中微生物等颗粒物含量大幅下降，过滤效果越好，越有利于后续的消毒。

根据小孔道管束模型，假设流体在颗粒床层中的流动可以看成在小孔道管束中的流动，流体在孔道内的流动可以看成层流，则流动速度可以用 Hagen-Poiseuille 定律来描述：

$$u_1 = \frac{d_{eb}^2 \Delta p}{32\mu l'}$$

式中，u_1——流体在床层空隙中的实际流速（m/s）；

　　　d_{eb}——颗粒床层的当量直径（m）；

$$d_{eb} = 4\frac{通道截面面积}{润湿周边} = 4\frac{通道截面面积 \times L_e/V}{润湿周边 \times L_e/V} = 4\frac{空隙体积/V}{颗粒表面积/V} = 4\times\frac{\varepsilon}{a_B} = \frac{4\varepsilon}{a(1-\varepsilon)}$$

　　　a_B——滤料颗粒的比表面积；

　　　Δp——流体通过颗粒床层的压力差（Pa）；

　　　μ——流体黏度（Pa·s）；

　　　l'——孔通道的平均长度（m）。

根据颗粒床层的空床流速 u：

$$u = \frac{dV}{Adt}$$

式中，dV——dt 时间内通过床层的滤液量（m³）；

　　　A——垂直于流向的颗粒床层截面积（m²）。

床层空隙中的实际流速 u_1 与空床流速 u 之间有如下关系：

$$u_1 = \frac{u}{\varepsilon}$$

孔通道的长度 l' 与颗粒床层厚度 L 成正比，则

$$u = \frac{\varepsilon^3}{K_1(1-\varepsilon)^2 a^2}\cdot\frac{\Delta p}{\mu L}$$

此即为 Kozony-Carman 方程，其中 K_1 为 Kozony 系数，与床层颗粒粒径、形状、床层孔隙率等有关，当床层孔隙率 ε=0.3～0.5 时，K_1=5。其余同上。

3. 颗粒床层的阻力

水头损失：水头是水垂直、均匀地作用在物体单位面积上的力（压强），是表示能量的一种方法。水头损失是指过滤过程中由于黏滞性、惯性及边壁对流动阻滞等形成的滤层阻力、边壁阻力等造成的能量损失。滤池中产生的水头损失导致滤速下降，甚至负水头现象，严重干扰滤池的运行和出水水质。当水头损失过大时，即使滤后水水质良好，也必须反冲洗（图 5-6）。

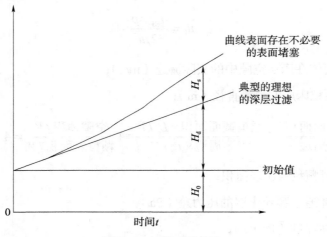

图 5-6 滤池水头损失

由

$$u = \frac{\varepsilon^3}{K_1(1-\varepsilon)^2 a^2} \cdot \frac{\Delta p}{\mu L}$$

颗粒床层比阻为：

$$r = \frac{K_1(1-\varepsilon)^2 a^2}{\varepsilon^2}$$

其流动速度为：

$$u = \frac{\Delta p}{\mu r L} = \frac{\Delta p}{\mu R}$$

可见流体在滤料颗粒床层中流动速度的影响因素：一是促使流体流动的推动力 Δp；二是阻碍流体流动的因素 $\mu r L$，即流体黏度 μ、床层阻力由床层性质（比阻 r）决定及厚度 L。

4. 清洁滤料床层阻力

过滤初期，滤料层孔隙尚无堵塞，孔隙大小与孔隙率没有变化。

流速计算：

$$u = \frac{\varepsilon^3}{K_1(1-\varepsilon)^2 a^2} \cdot \frac{\Delta p}{\mu L}$$

清洁滤料层的阻力损失：

$$h_0 = \frac{\nu}{g} \frac{K_1(1-\varepsilon)^2 a^2}{\varepsilon^3} Lu = 36 \frac{\nu}{g} \frac{K_1(1-\varepsilon)^2}{\varepsilon^3} \left(\frac{1}{\varphi d_{eV}}\right)^2 Lu$$

其中将非球型颗粒按照体积相等的条件折算为球体，其当量直径：$d_{eV} = \sqrt[3]{\frac{6V}{\pi}}$

式中，L——滤料层厚度（m）；

   ν——运动黏度（m/s²）。

$K_1 = 5.0$ 时

$$h_0 = 180 \frac{\nu}{g} \frac{(1-\varepsilon)^2}{\varepsilon^3} \left(\frac{1}{\varphi d_{eV}}\right)^2 Lu$$

对于非均匀滤料的实际滤层，计算阻力损失时，可以按筛分曲线分成若干微小滤料层，取相邻两层的筛孔孔径的平均值作为各层的计算粒径。假设粒径为 d_{pi} 的滤料质量占全部滤料质量之比为 p_i，则清洁滤料层的总阻力损失为

$$H_0 = \sum h_0 = 36 \frac{\nu}{g} \frac{K_1(1-\varepsilon)^2}{\varepsilon^3} \left(\frac{1}{\varphi}\right)^2 Lu \sum_{i=1}^{n} (p_i / d_{pi}^2)$$

5.4 微生物和消毒

5.4.1 水中的微生物

微生物个体微小，分布广泛，繁殖力强，适应性强，遍布地球生命所及的每个角落，天然水中也不例外。自然界的水，除某些深层地下水外，一般都生存着各种各样的微生物。这些微生物有些本来就存在于水体，有些则来自生活污水、工业排放物、垃圾、土壤、空气等。

自然界江河、湖、海等各种水体中都生存着相应的微生物。水中微生物形成一定的群落，包括原核细胞型：细菌、放线菌、蓝细菌、立克次氏体、衣原体、支原体等；真核细胞型：真菌、原生动物、浮游藻类等；亚细胞类：病毒（动物病毒、植物病毒）、噬菌体（细菌病毒）、真菌病毒等。水中微生物的种类和数量随当地气候、地理条件，水的来源及水中所含营养物等的不同而变化，与其所在水域的有机

物、无机物的种类和含量，光照、酸碱度、渗透压、温度、含氧量和有毒物质含量等密切相关。地下水中微生物含量较低；湖、海、江河等地表水中较丰富。被有机物污染的水中微生物数量异常。未被污染的河流、湖泊和水库中微生物数量一般较少，且微生物种类以化能自养型和光能自养型为主，可能有少量腐生细菌，如色杆菌、无色杆菌和微球菌等，还可能有霉菌（如水霉等），以及少量的一些单细胞和丝状的藻类和原生动物。

5.4.2　微生物的作用

人体所生存的环境同样适宜多种微生物生存。人体同样适应了体内、体外一定的微生物环境，实质上是和多种微生物共同生活，相互适应的。这些微生物多数情况下与人和谐共处，但是在一定条件下，某些微生物可能引发人体疾病。

正常菌群与人体或动物体一般能维持平衡，菌群内部的各种微生物之间，也是相互制约且相对稳定的。但所谓的正常菌群也是相对的、有条件的和可变的。正常菌群在非正常部位时也可引起疾病；机体防御机能减弱时，一部分正常菌群会成为病原微生物；由于外界因素的影响，破坏了各种微生物之间的相互制约关系，正常菌群也会引起疾病。此外，某些疾病感染者体内还有一定种类的致病微生物，这些致病微生物在人体内通过代谢、繁殖，导致一些疾病的发生，并且通过人畜粪便、分泌物等排出体外，进而污染水源，或者在人体之间相互传染，导致疾病的流行。致病微生物导致部分或全部被感染者发病，成为显性感染者，但也有可能被感染者并不发病，成为隐性感染者。许多致病微生物的隐性感染者也有传播病原体的能力。这些都给传染病控制增加了难度。水处理领域的重点就是对污水和饮用水严格消毒，以确保水质安全。

5.4.2.1　微生物对水污染的作用

微生物是生态系统中主要的分解者。水中微生物能分解和转化水中生物残体、排泄物等有机物、污染物，逐步将其分解为简单的无机物，因而它们是水体自净作用的一类主要执行者。生物滤池、活性污泥、厌氧消化等处理工艺就是利用微生物来处理废水中溶解的和胶体的有机物等污染物。生物除磷脱氮也是利用微生物的分解或转化作用进行的。这是微生物在水质净化方面的正面作用。事物的存在总有两面，微生物也是如此。微生物在水质转化过程中的另一个角色是水污染的重要参与者。比如，黑臭水体中严重的有机物污染是物质基础，但正是微生物对这些污染物转化的耗氧过程、厌氧消化过程导致黑臭等严重环境危害和生态破坏。

5.4.2.2　微生物对健康的危害

更为人熟知的微生物造成的危害是其对人体健康的不良影响。各种病原菌、病毒（如伤寒杆菌、霍乱弧菌、痢疾杆菌及肝炎病毒等）会引起人类严重的传染病，曾引发大规模的水传播传染病流行。水中的病原体中能感染人体的主要有细菌、原生动物、寄生虫、病毒、真菌5类，其中一些需要水生的宿主来完成其生命周期；另一些是以水为媒介来感染人体。

水媒介传染病细菌主要有杆菌、弧菌、钩端螺旋体及其他病菌等。

水可以传播病人的排泄物中的上百种病毒。病毒的体积要比细菌小得多，但其对消毒剂的抗性明显强于细菌。一般认为，病毒外部有蛋白质外壳保护内部的核酸，消毒剂必须进入外壳破坏核酸才能将病毒杀死。但从原理上讲，病毒蛋白外壳某些位置具备与宿主细胞特异受体选择性结合的能力，如果消毒剂破坏蛋白某些特征性功能结构，应该也可以起到让病毒失活的作用，至少让它们不能有效地侵入宿主。

对人类致病的原生动物主要有各种组织变形虫、蓝氏贾第鞭毛虫、隐孢子虫等。

常见的危害人类的寄生虫有肠道寄生虫（如蛔虫、钩虫、绦虫、丝虫），以及肺吸虫、血吸虫、麦地那龙线虫等。

藻类一般大小在微米级范围，物理、化学、生物性状和特点与细菌、真菌等相似，对水质控制方面的影响也有相似之处。与水处理和水质密切相关的藻类一般是指单细胞浮游藻类，比如，蓝藻水华鱼腥藻、铜锈微囊藻等。藻类是水体富营养化过程的重要参与者，可使水生色或产生气味，甚至有致病、致癌的危险。藻类对混凝和过滤等水处理过程都有一定程度的负面影响。

5.4.2.3　病原体的传播途径

水中病原体的存活需要一定的营养、温度、宿主等条件。有些病原体是天然水中的微生物，但更多地源于动物和人的排泄物污染。在进入水体后，由于对生活环境的不适应，有些病原体会逐渐死亡，因此水窖对水的长时间贮存具有一定的消毒作用。但病原体仍能在水中存活一定的时间，在此期间仍然有感染性。人通过饮食和皮肤接触等途径被病原体污染的水而致病。

水中微生物的含量直接影响水的使用价值，危及人体健康，必须加以控制。适当的消毒处理杀灭水中的致病微生物，保证水质安全和水处理系统的正常运行。饮用水微生物学检查中不仅要统计总菌数，还要检查病原菌数。通常病原菌数目很少，根据病原菌大肠杆菌来自粪便污染，通过检查大肠杆菌（伊红美蓝等鉴别性培养基检验）的数目来确定水源被粪便污染的程度。根据《生活饮用水卫生标准》（GB 5749—2006），总大肠菌群、耐热大肠菌群、大肠埃希氏菌每 100 mL 水中不得检出。

5.4.3 消毒

饮用水消毒，控制水中微生物的危害是水质安全保障的一项核心内容。

细菌的尺寸一般为 0.2～80 μm，一般不超过 5 μm。其在水中以颗粒物的形式存在，但由于密度与水极为接近且表面带电，分散于水中。一般细菌的等电点为 pH=3.0～3.5，所以水（pH=6.5～8.5）中的大多数细菌带负电。这使得带负电的消毒剂分子不易接近细菌，从而影响消毒效果。病毒、真菌等病原体有类似的颗粒物特征，只是大小不同，通常病毒粒径在胶体范围。由于细菌等是带负电的颗粒，因此在混凝沉淀和过滤工艺中被大比例去除。可以说澄清过程去除了浊度和大量的微生物。消毒是在前期混凝、沉淀、过滤等处理工艺之后，为确保微生物尤其是水媒介病原体处理效果的强化技术。

5.4.3.1 消毒概述

消毒是水处理中杀灭对人体有害的病原微生物的给水处理过程。消毒和灭菌不同，消毒能杀死病原微生物，但不一定能杀死细菌芽孢。消毒可以采用物理消毒和化学消毒，或者是它们的组合工艺，较常用的是化学方法。用于消毒的化学药物称作消毒剂。而灭菌是把物体上所有的微生物（包括细菌芽孢）全部杀死，常用物理方法灭菌，如用高压灭菌锅灭菌等。

在消毒实践中，难以区分微生物有害或是无害，即使是有害病原微生物的种类也是非常多，而且随水源、时间、位置等有显著变化。准确判断水中的微生物的具体种类，制定针对某一种致病微生物的治理措施，非常困难，也没有必要。只要了解微生物的某些共性，控制微生物的生存条件，攻击其要害部位，即可有效消毒。所以一般水的消毒并不使用有特异杀灭效果的消毒剂，而使用对多种微生物都有效的光谱消毒剂或消毒方法。

《生活饮用水卫生标准》（GB 5749—2006）中规定的与消毒有关的指标主要有微生物、毒理学和消毒剂等。

首先是微生物指标，主要是衡量消毒效果。标准规定：

细菌总数：＜100 CFU/mL；

总大肠菌群：每 100 mL 水样中不得检出；

耐热大肠菌群：每 100 mL 水样中不得检出；

大肠埃希氏菌：每 100 mL 水样中不得检出。

其次是毒理学指标。毒理学中与消毒相关的主要指标是消毒副产物。由于消毒机理的不同，某些消毒剂的使用可能与水中其他成分产生复杂反应；消毒副产物就是指在水处理的消毒过程中，由水体成分和消毒剂 / 消毒过程作用产生的对人体或生物健康有危害或者长期潜在危害性的物质。消毒副产物可分为有机物和无机物两大类，典型的有机消毒副产物有卤代烃（如三氯甲烷）、卤乙酸（如一氯乙酸、三氯乙酸等）、氯乙醛、氯苯酚等；典型的无机消毒副产物有溴酸盐、氯酸盐和亚氯酸盐等。

最后是消毒剂指标。新标准在氯气及游离氯制剂的基础上，新增了臭氧、二氧化氯和一氯胺。

5.4.3.2 饮用水消毒

1. 消毒方法

1848—1855 年，John Snow 研究伦敦霍乱疫情时发现，霍乱传播与饮用水有关。直到 30 年后也就是 1884 年，Robert Koch 才首次鉴定出霍乱弧菌（Vibrio Cholerae），并证明氯可以用来杀死细菌。从 1906 年美国新泽西州首次大规模使用氯对饮用水消毒至今，饮用水消毒已经走过了一个多世纪。其间消毒方法、消毒工艺不断改善、改良，形成了相对稳定的饮用水消毒工艺和方法。目前，常用的饮用水消毒方法有自由氯消毒、氯氨消毒、二氧化氯消毒、臭氧消毒、高锰酸钾消毒、紫外线消毒、微波处理、煮沸、超滤膜处理等。在自来水厂应用最广的是自由氯消毒、氯氨消毒，二氧化氯消毒、臭氧消毒、高锰酸钾消毒、紫外线消毒也有应用。但微波处理未见有大型处理工艺方面的报道。煮沸消毒比较彻底，适用家庭等小规模消毒，但不适用大规模处理。

利用化学药剂消毒是目前水处理厂消毒的主要方式。消毒剂除了用于杀灭病原微生物外，有的还作为氧化剂去除原水的味、色、氧化铁和锰等，提高水中悬浮物和胶体物质的混凝效率和过滤效果，并抑制沉淀池、滤池中藻类和细菌的生长繁殖，防止饮用水管网系统的生物再生长。

2. 氯消毒

氯消毒是应用时间最早且至今使用范围最广的消毒剂，1906 年问世以来，在全世界得到普及，有效防止了水介传染病的传播。1998 年，美国水厂协会消毒系统委员会调查组对以地表水和地下水为水源的大中型水厂展开的消毒情况调查表明，采用自由氯消毒的水厂占全部水厂的 94.5%。而我国目前大约有 99.5% 的水厂采用自由氯消毒工艺。氯消毒使用的消毒剂主要有液氯、漂白粉和次氯酸钠 3 种，是目前公共给水系统中最为经济有效的消毒方法，具有技术成熟、灭菌能力强、持续时间长、成本低等优点。

氯消毒的有效形态是 HOCl，Cl_2、NaOCl、CaCl（OCl）和水反应都可以产生 HOCl。尽管属于弱酸电离，还是有一部分 HOCl 电离形成 OCl^-，而且 HOCl 和 OCl^- 的比例与水中温度和 pH 有关。根据反应式可以看出，当 pH 较高时，OCl^- 较多。

$$NaOCl + H_2O \longrightarrow HOCl + NaOH$$
$$Ca(OCl)_2 + 2H_2O \longrightarrow 2HOCl + Ca(OH)_2$$
$$Cl_2 + H_2O \longrightarrow HOCl + HCl$$
$$HOCl \longleftrightarrow H^+ + OCl^-$$
$$HOCl + H^+ + 2e^- \longrightarrow Cl^- + H_2O$$

$$E_{HOCl/Cl^-} = 1.428 + \frac{2.303RT}{2F} \log \left(\frac{[HOCl][H^+]}{[Cl^-]} \right)$$

pH＞9，OCl^- 接近 100%。

pH＜6，HOCl 接近 100%。

pH=7.54，[HOCl]=[OCl⁻]

　　尽管 HOCl 和 OCl⁻ 都有氧化能力，并且两者氧化能力差别不大，但通常认为 HOCl 是消毒灭菌的主要形态。因为水中的细菌一般都带有负电荷，OCl⁻ 所带的负电荷被认为会阻碍其接触细菌，更无法进入细菌内部，因而消毒效果较差。HOCl 是很小的中性分子，能扩散到细菌表面，容易与细胞紧密接触，可能穿透细胞壁到细菌内部，破坏细菌酶系统或者其他重要的生命系统。因此氯消毒主要是通过 HOCl 的作用来实现的。实验研究也证明了这一点，pH 越低，消毒作用越强。当然这种结果也可以从另一方面加以解释。从 HOCl 在水中的电离方面来看，HOCl 是弱电解质，其电离平衡常数为 2.95×10^{-8}，在 pH 为 6～8 的水中无论开始的形态是 OCl⁻ 还是 HOCl，依然是以 HOCl 为主要形态。当 pH 较低的时候，细菌等微生物的负电性被降低，使 HOCl 和 OCl⁻ 都更容易与其接触并发生反应。

　　（1）消毒动力学

　　①接触时间对消毒效果的影响

　　在一定消毒剂的浓度下，消毒速度为

$$-\mathrm{d}N/\mathrm{d}t = kN$$

$$N = N_0 \mathrm{e}^{-kt}$$

$$\ln \frac{N_t}{N_0} = -kt$$

式中，N——t 时刻活的微生物数；

　　　k——消毒反应速率常数；

　　　t——反应时间；

　　　N_0——初始活微生物数。

　　②浓度对消毒效果的影响

　　如果考虑消毒剂浓度，则在不同浓度的消毒剂条件下，消毒效果应为

$$\ln \frac{N}{N_0} = -k'C^n t$$

式中，k'——比反应速率常数；

　　　C——消毒剂浓度。

$$\ln C = -\frac{1}{n}\ln t + \frac{1}{n}\ln\left[\frac{1}{k'} - \left(\ln\frac{N_t}{N_0}\right)\right]$$

给定灭活率，在 log-log 坐标上，作 C 和 t 之间的关系，可求得 n。

$n=1$ 浓度和时间都同等影响。

$n>1$ 浓度影响大。

$n<1$ 时间影响大。

在一般情况下，可以视 $n=1$。

消毒时，加氯量必须满足水中杂质消耗的氯量（需氯量），并在接触一定时间后（通常饮水消毒采用的接触时间为 30 min），余留有一定的氯量（余氯量），才能保证消毒的可靠。为保证氯消毒的效果，必须有足够的加氯量和接触时间。实验证明，在一定的消毒效果条件下，消毒剂浓度 C 与接触时间 T 存在着一定关系。消毒剂浓度越高，所需要的接触时间越短；消毒剂浓度越低，所需要的接触时间越长。据此可得出浓时积公式

$$C^n t = K$$

式中，C——消毒剂浓度；

t——达到一定杀菌要求时间；

n——浓度系数，当消毒剂浓度变化与时间变化影响相等时 $n=1$；

K——浓时积常数。

为此，消毒剂浓度与接触时间的乘积 CT 值，被认为与消毒的效果有很大关系。大多数饮用水处理规定某种消毒剂所允许的最小 CT 值，以确保饮用水安全。CT 值作为消毒剂消毒能力的判断指标，一般认为 CT 值越小的消毒剂消毒能力越强。

表 5-1 为实现 99% 大肠杆菌和异养细菌杀灭能力的各种消毒剂的浓时积。氯消毒时对应的是 HOCl 和 OCl⁻，它们杀灭 99% 大肠杆菌的浓时积分别为 0.04 mg/（L·min）（pH 为 6.0，5℃）和 0.92 mg/（L·min）（pH 为 10.0，5℃）；杀灭 99% 异养菌的浓时积分别为 0.08±0.02 mg/（L·min）（pH 为 7.0，1～2℃）和 3.3±1.0 mg/（L·min）（pH 为 8.5，1～2℃）。

表 5-1　达到 99% 细菌灭活效果时消毒剂对比

Disinfectant	Escherichia coli			Heterotrophic bacteria		
	pH	Temp/℃	CT/（mg/min）	pH	Temp/℃	CT/（mg/min）
Hypochlorous acid	6.0	5	0.04	7.0	1～2	0.08±0.02
Hypochlorite ion	10.0	5	0.92	8.5	1～2	3.3±1.0
Chlorine dioxide	6.5	20	0.18	7.0	1～2	0.13±0.02
	6.5	15	0.38	8.5	1～2	0.19±0.06
	7.0	25	0.28			
Monochloramine	9.0	15	64	7.0	1～2	94.0±7.0
				8.5	1～2	278±46.0

来源：Adapted from LeChevallier，Cawthon & Lee（1988）。

　　饮用水氯消毒对于原生动物（尤其是隐孢子虫属）和某些病毒作用较差；各种包囊对氯的耐受能力也很大。据报道在常温（23℃）下，pH=7～8，在 30 min 内杀灭阿米巴包囊最低氯量为 1.2～4.2 mg/L。但另有报道，pH=7，加氯量达 100 mg/L，接触 10 min 只能杀灭病人排出的阿米巴包囊 97.6%。对于絮凝物或颗粒物内的病原体，消毒的效果较差，因为絮凝物和颗粒物可保护病原体减轻消毒剂的作用。高浑浊度可减弱消毒效果，因此消毒时应增加氯的用量。

　　表 5-2 为 Morris 综合各种不同类型氯对杀灭水中（不耗氯）99% 各种病原体所需氯量，由此可看出各种病原体对氯耐受能力的差异。

表 5-2　杀灭病原体 99% 以上氯浓度　　　　　　单位：mg/L

试剂	肠道细菌	肠道病毒	阿米巴胞囊	芽胞
HOCl	0.02	0.002～0.4	69	10
OCl⁻	2	>20	103	$>10^3$
NH₂Cl	5	10^2	20	$4×10^2$
Cl₂（pH=7）	0.04	0.8	20	20
Cl₂（pH=8）	0.1	2	50	50

注：接触时间 10 min，水温 5℃。

根据 White（1996）等的研究结果，用氯杀灭 99% 水中柯萨奇病毒 A2 型病毒的实验结果，计算出相应的浓时积（表 5-3）。

表 5-3　不同条件（pH、温度）下加氯消毒杀灭柯萨奇病毒 A2 型病毒时的浓时积

pH	浓时积 K/［mg/（L·min）］	
	0～5℃	10℃
7.0～7.5	12	8
7.5～8.0	20	15
8.0～8.5	30	20
8.5～9.0	35	22

注：浓度系数 n=1，C 按余氯量计算。

即余氯量（mg/L）和消毒接触时间的乘积达到表内 K 值可达到杀灭水中 99% 柯萨奇病毒 A2 型病毒的消毒效果。余氯量和接触时间可以在一定范围内调整，其乘积达到表内 K 值，消毒都同样有效。当浓时积超过表中的值时，消毒效果更好。

例如，对水温 10℃，pH 为 7 的水消毒，K=8 mg/（L·min），消毒时间为 30 min，则所需游离余氯量为 C=8/30=0.27（mg/L）。如在同样条件下，消毒时间缩短为 20 min，则游离余氯量为 C=8/20=0.4（mg/L）（表 5-4、表 5-5）。

表 5-4　灭活病毒所需要的 CT 值（温度 10℃，pH=6.0～9.0）

Disinfectant	CT/（min·mg/L）		
	2-log（99.0%） inactivation	3-log（99.9%） inactivation	4-log（99.9%） inactivation
Chlorine	3	4	6
Chloramine[2]	643[2]	1 067[2]	1 491[2]
Chlorine Dioxide	4.2	12.8	25.1

注：[1] Adapted from Guidance Manual for Compliance with the Filtration and Disinfection Requirements for Public Water Systems Using Surface Water Sources（USEPA，1991）.

[2] Inactivation achieved using combined chlorine，where chlorine is added prior to ammonia in the treatment sequence（USEPA，1991）. Do not apply to preformed chloramines. CT values for preformed chloramines would be significantly higher.

表 5-5　灭活 Giardia lamblia 包囊所需要的 *CT* 值（温度 10℃，pH=6.0～9.0）

Disinfectant	*CT*/（min·mg/L）					
	0.5-log（68.0%）	1.0-log（90.0%）	1.5-log（96.8%）	2.0-log（99.0%）	2.5-log（99.7%）	3-log（99.9%）
Chorine[2]	17	35	52	69	87	104
Chloramine[3]	310[3]	615[3]	930[3]	1 230[3]	1 540[3]	1 850[3]
Chlorine Dioxide	4	7.7	12	15	19	23

注：[1]Adapted from *Guidance Mamual for Complicance with the Fitration and Disinfection Regirements for Public Water Systems Using Surface Water Sources*（USEPA，1991）

[2] at pH 7.0 and chlorine residual ＜0.4 mg/L

[3] CT values for chloramines are based on preformed chloramines（USEPA，1991）.

一般情况下，病毒对消毒剂比细菌有更高的抗性。也就是说同样浓时积、同样的水质条件下，消毒剂对细菌的杀灭作用通常都大于对病毒的杀灭作用。上述浓时积是以柯萨奇病毒做试验并计算得出的，因此对水中一般的细菌有较大的安全系数，也就是说这样的浓时积对一般细菌的消毒同样有效。另外，对其他病毒等致病微生物做消毒处理时表 4-4、表 4-5 数据也可以作为参考，但有些病毒的抗性更强，需要更高的浓时积。比如，有研究表明，甲肝病毒在水中 pH 为小于 7，水温为大于 20℃，水的浑浊度不大于 0.1 度时，浓时积 35 mg/（L·min）可达到灭活目的。还有些致病微生物对氯有极强的抗性，比如，杀灭阿米巴包囊（3-log，99.9%）浓时积需 650 mg/（L·min）；杀灭炭疽芽胞的浓时积更需高达 4 500 mg/（L·min）。如此高的浓时积，不仅加大了消毒剂的消耗，而且还可能造成更多、更复杂的后果，比如，消毒副产物大增、水中有强刺激性异味等。因此对于这些情况，不宜用氯消毒，可以采用其他消毒方法，比如，阿米巴包囊可采用过滤，炭疽芽胞则用煮沸消毒；此外，臭氧消毒对耐氯微生物有较好的效果。

影响氯消毒的因素很多，各种来源水的水质有很大不同，其中有些因素如水的 pH、水温、病原体种类等不易人为改变，因此为保证消毒效果除消毒剂的选择外，最重要的是掌握好加氯量和接触时间。这两个因素虽可互相调节，但不可能过大或过小，如剂量过小，时间再长也达不到消毒目的，反之亦然。因此，一般游离余氯不宜低于 0.3 mg/L，接触时间不应短于 15 min。在水源没有特殊污染或者严重污染情况下，温暖季节采用浓时积 6～12 mg/（L·min），寒冷季节采用浓时积

12～18 mg/（L·min），可保证有效消毒和水质安全。

（2）加氯量

即使经过前期的混凝、沉淀、过滤，水中仍然存在着多种杂质，其中一些杂质（如有机物等还原性物质）在经历消毒过程时，会与投加的消毒剂反应。此时的消毒剂对此类杂质所起的作用实际是氧化作用，不是消毒作用。消毒、灭活水中微生物也需要消耗一定量的消毒剂。上述过程都存在对消毒剂的消耗，具体的消毒剂的消耗量就是需氯量。需氯量就是灭活水中微生物、氧化有机物和还原性物质所消耗的氯量。

为抑制管网中残余病原微生物的生长和再度繁殖，管网中需要维持一定量的剩余氯。《生活饮用水卫生标准》（GB 5749—2006）中规定，出厂水接触 30 min后余氯不低于 0.3 mg/L；在管网末梢不应低于 0.05 mg/L。《饮用净水水质标准》（CJ 94—2005）中规定管网末梢水余氯不低于 0.01 mg/L。

因此消毒过程中的加氯量应该为

$$加氯量 = 需氯量 + 余氯$$

（3）加氯曲线

①水中无任何微生物、有机物等，需氯量 =0，加氯量 = 余氯，图 5-7 中的 1。

②水中有机物较少时，需氯量满足以后就是余氯。加氯量 = 需氯量（OM 段）+余氯，图 5-7 中的 2。

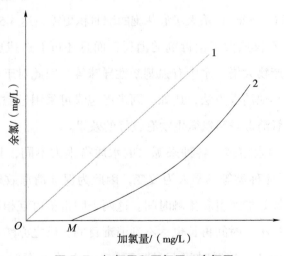

图 5-7　加氯量和需氯量、余氯量

③当水中的污染物主要是氨和氮化合物时，情况复杂（图5-8）。

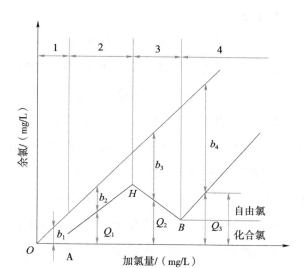

图5-8　水中含氨时的加氯量和需氯量、余氯量

H：峰点，加氯过程中出现的第一个余氯极大值的位置就是峰点。

B：折点，峰点之后继续加氯过程中出现的极小值的位置就是折点。

OA 段：水中存在能消耗氯的杂质，加氯后活性氯被迅速还原耗尽，构成需氯量。此时余氯量为零。

AH 段：能与氯反应消耗余氯的其他杂质消耗之后，余氯与氨反应，此时形成化合性余氯（主要成分是一氯胺），有一定消毒效果。

HB 段：仍然是化合性余氯，加氯量继续增加，氯氨被氧化成不起消毒作用的化合物，氮气，余氯反而减少。反应方程式为

$$NH_4^+ + 1.5HClO \longrightarrow 0.5N_2 + 1.5H_2O + 2.5H^+ + 1.5Cl^-$$

BC 段：*B* 点（称为折点）以后，开始出现自由性余氯。

消毒时加氯量经常选择在超过折点需要量，此时消毒效果好，称为折点氯化或者折点加氯法。但应根据水中的游离氨含量选择不同的加氯量，氨含量高时，过多的加氯量导致水中的有机物和高浓度余氯有更多接触和反应的机会。这种情况对于消毒副产物的控制可能是不利的。

因此，当原水游离氨<0.3 mg/L 时，加氯量应控制在折点 *B* 后；当原水游离氨>0.5 mg/L 时，加氯量一般控制在峰点 *H* 前。

（4）接触时间

接触时间一般≥30 min。

氯消毒的功效和可靠性毋庸置疑，从水处理的历史上来看，氯消毒的应用减少了水传播疾病的流行，延长了人们的平均寿命，推动力社会进步，功不可没。但氯消毒还是存在其自身的缺陷，由于氯具有很强的取代作用，在消毒过程中同时还会与水中有机物进行取代反应，生成一些对人体健康具有潜在危害的卤代副产物（如三卤甲烷、卤乙酸等）。因此，目前氯主要用于最后消毒而不倾向用于预氧化。次氯酸钠和次氯酸钙虽然降低了液氯操作过程中的某些危害和技术难度，但与液氯一样也会形成许多有机副产物和无机副产物。所以采用液氯、次氯酸钠和次氯酸钙消毒，其消毒副产物产生特征相似，都可以看作氯消毒，一起讨论。

氯消毒产生的消毒副产物很多，如三卤甲烷（THMs）、卤乙酸（HAAs）、卤乙腈（HANs）、卤化氰（XCNs）、卤代苦碱、卤代乙醛（HATs）、卤代酚（HHBs）、卤代酮（HKs）、卤硝基甲烷（HNMs）、卤代羟基呋喃（CHFs）等，其中三卤甲烷（THMs）、卤乙酸（HAAs）占主要成分。美国饮用水安全法规已经将三卤甲烷确定为致癌物，而将一溴二氯甲烷、二氯乙酸、溴酸盐等归为可疑致癌物，其余的DBPs大部分毒性一般，对人体器官有刺激或麻痹作用。大量的流行病学研究表明，长期饮用氯消毒的自来水可能增加消化系统和泌尿系统癌变的风险。

3. 氯胺消毒

氯胺的最初使用始于 1917 年，是在加拿大的 Ottawa 和美国的 Denver。氯胺消毒的实质就是把氯和氨同时或者先后投加到待消毒的水中，两者形成氯胺起到消毒的作用。当水中存在氨氮时，加入水中的氯会与水中的氨氮发生下列反应，生成一氯胺、二氯胺和三氯胺，也就是形成化合性余氯。其反应式如下：

$$NH_3 + HOCl \longrightarrow NH_2Cl + H_2O$$

$$NH_2Cl + HOCl \longrightarrow NHCl_2 + H_2O$$

$$NHCl_2 + HOCl \longrightarrow NCl_3 + H_2O$$

研究表明：生成一氯胺、二氯胺和三氯胺的比例与 pH 有关。

pH＞9 时，一氯胺占优势；

pH=7 时，一氯胺和二氯胺同时存在；

pH＜6.5 时，主要二氯胺；

pH<4.5 时，主要三氯胺。

　　研究表明，氯胺的消毒也是依靠 HOCl。氯胺可以缓慢地释放 HOCl，并且与水中的 HOCl 达到一定的平衡，当 HOCl 被消耗后，反应向左移动。氯胺在水中起到对 HOCl 的缓冲作用，HOCl 含量高同时有氨存在时，形成氯胺，降低水中 HOCl 的浓度；当 HOCl 发挥消毒作用被消耗含量下降时，氯胺释放 HOCl，维持水中一定的 HOCl 水平，维持消毒效果。但氯胺的消毒效果较差，对一些病原体的灭活时间也要长于自由氯消毒。因此，有氯胺存在时，消毒作用比较缓慢、比较缓和，但消毒效果延续时间长。比如，氯消毒 5 min，杀灭细菌 99% 以上，而用氯胺消毒，相同条件下仅杀灭 50%。

　　20 世纪 70 年代，由于 DBPs 相继在氯消毒饮用水中发现，而氯胺消毒能够减少 THMs 的产生，使得国外许多水厂将目光再次投向氯胺消毒。与氯类似，氯胺（或许是 HOCl）穿透细胞膜，使核酸变性，来阻止蛋白质的合成从而杀灭微生物。同时它还具有穿透能力好、稳定性高、持续时间长、能够防止管网微生物生长、长期改善自来水色嗅的优点。由于氨和氯投加顺序的不同，导致最终的消毒效果和抑菌时间的差异，因而有先氨后氯、先氯后氨、氨氯同时投加等差别。一般认为，先氨后氯可以更好地保持管网系统中残留消毒剂的含量，同时可以降低氯酚等致臭物质的产生。氯胺消毒相比于液氯消毒，同等条件下 DBPs 生成量特别是 THMs 的产量明显减少。因此美国 EPA 执行消毒副产物控制法令之后，氯胺被之前使用氯消毒导致 DBPs 不达标水厂用以改善出水 DBPs。

　　近年来检测技术的升级，饮用水中更多的微量、痕量物质被检测出来。令人遗憾的是，在氯胺被广泛认为可以减少常规消毒副产物 THMs 和 HAAS 等的产量，提高饮用水安全性并被广泛推广的同时，更多的消毒副产物被检出并发现其与氯胺消毒有关。研究人员在氯胺消毒饮用水中检出了潜在危害性更大的含氮消毒副产物——氯化氰（cyanogenchloride，CCN）、N-亚硝基二甲胺（N-nitosodimethylamine，NDMA）、卤代硝基甲烷（halonitromethanes，HNMs）、卤代乙酰胺（haloacetamides，HAMs）。这些含氮消毒副产物产量小，但毒性更大。如卤代硝基甲烷和卤乙酰胺属痕量消毒副产物，Kranser 检测到的自来水中浓度为 0.1～5 μg/L，卤乙酰胺的浓度为 0.1～3.9 μg/L，虽然比 THMs 和 HAAs 还低 1～2 个数量级，却具有强烈的细胞遗传毒性和致突变性。Plewa 等合成了 13 种含碘、溴和氯的卤乙酰胺并研究了其毒理性（Plewa et al.，2008），发现卤乙酰胺的细胞毒性比 HAA$_5$ 大 142 倍、比 HNMs 大 4 倍，基因毒性比 HAA$_5$ 大 12 倍、比 HNMs 大 2.2 倍。碘代消毒副产物尤其是碘代乙酸被认为（Ding，2009；Becalski，2006；Urs von Gunten，2003）是迄今为止有最强毒性（基因毒性和细胞毒性）的消毒副产物，其毒性远大于溴代和氯代消毒副产物。而氯胺虽然可以减少氯代消毒副产物的产量，但对碘代消毒副产物和溴代的消毒副产物情况大不相同。Guanghui 等（2007）的研究表明，与氯消毒相比，氯胺消毒将产生多种消毒副产物，包括更多的碘代消毒副产物，如碘仿（Iodoform）、总有机碘化物（total organic iodine，TOI）；产生更多的不明消毒副产物（unknown total organic halogen，UTOX）。Jones 等（2011）研究指出，先氯后氨的氯胺消毒方式可以有效地控制碘代消毒副产物的产生。因为预先氯化可以让碘离子转化为碘酸根，从而不再与有机物发生反应，抑制碘代消毒副产物的生成。

因此，氯胺消毒尽管具有有效消毒时间长，氯代消毒副产物产量小的优点，但可能代价是会产生更多的含氮消毒副产物、碘代消毒副产物，尤其是不明消毒副产物。因此，人们不断对氯氨消毒技术进行深入的研究，并将其与其他消毒剂的结合形成复合消毒工艺，以期对其优化、改良，形成更加有效的、可靠的、安全的消毒方法。

5.4.3.3　消毒副产物

虽然饮用水加氯消毒具有杀菌效果好，能破坏细菌的酶系统，杀灭水中的病原微生物和寄生虫卵；改善水的感官性状，除去水中的藻类、色度、异味；通过调节投氯量，保证持续的杀菌能力，使用户能够喝到安全可靠的饮用水，而且投加设施简单，投资和维护管理费用较低等一系列的优点。然而它在解决消毒问题的同时，也带来了消毒副产物的问题。

1974 年，Rock 和 Bcllar 等分别从荷兰和美国的城市自来水中检出了氯仿等三卤甲烷（THMs）有机物，1976 年美国国家癌肿瘤研究所通过对大鼠和小鼠进行口服氯仿实验确认其具有致癌性。之后随着发达国家对 THMs 危害性研究的不断深入，又确认了饮用水中含有大量具有"三致"作用的消毒副产物（DBPs）。

多年来，国内外研究机构对 DBPs 进行了大量的调查研究，证明其对人体具有不同程度的危害作用。一系列研究显示消毒副产物与神经管缺陷、先天性心脏病、泌尿系统畸形、头面部缺陷等有相关性。美国国家癌症协会研究发现三氯甲烷对人体的危害主要作用于中枢神经系统，造成肝和肾损害，已被流行病学证实为动物致癌物质。氯仿在消化道内被迅速吸收，在体内转化为一氧化碳而使血液中的碳氧血红蛋白含量上升，令人体出现中毒症状，导致呕吐、消化不良、食欲减退并可能伴有神经过敏症、神经错乱、精神病等。目前已确认 THMs 与直肠、结肠等消化系统癌症有关，饮用水中的 THMs 含量越高，随着饮用时间的延长对人体健康的损害越大，致癌的危险性也越高。

美国巴塞罗那市立大学研究院的一项最新研究指出，饮用加氯水或用其沐浴、游泳，都有可能增加患膀胱癌的风险。这项发现首次证实，这些化学物质通过呼吸道吸入，或者被皮肤吸收，对健康的危害程度和饮用是一样的。研究员还测量了 123 个城市用水中的 THMs 平均水平，发现家庭用水中 THMs 含量平均超过 49 μg/L 的居民，比家庭用水中 THMs 含量低于 8μg/L 的居民患膀胱癌的风险高出一倍多。而且，长时间用 THMs 含量高的水淋浴、泡澡，以及居住在水中 THMs 含量高的地区的居民，患癌机会也较高。有报道认为，THMs 通过皮肤或经过呼吸道由肺部吸收，致癌性比起直接摄入会更高，因为它无法通过肝脏进行解毒。消毒副产物可增加孕妇早期流产的危险性并可使婴儿患中枢神经缺陷，与心血管疾病也具有一定的相关性。研究机构发现，如果每天饮用 THMs 浓度＞75 μg/L 的氯化消毒饮用水2 L 以上，会增加早期流产的危险性。上述研究结果表明饮用水中含有消毒副产物可能是出生缺陷的潜在影响因素，即使在相对较低的暴露水平下，消毒副产物也会对人类出生缺陷产生不可忽略的影响。

5.5　水质深度加工

5.5.1　膜分离

膜分离技术是指利用隔膜使溶剂（通常是水）同溶质或微粒分离的技术，包括电渗析、微滤、反渗透和超滤等。膜分离是过滤的一种形式，主要是基于物质透过固态膜速率和倾向不同，而将多组分混合物或溶液中各组分加以分离、分级、纯化或富集的过程。在水处理领域，膜处理主要就是分离水中的杂质以净化水质。膜分离具有显著的优点，分离过程不发生相变，因此能量转化的效率高，在现在的各种海水淡化方法中反渗透法能耗最低；装置、操作简单，控制、维修容易，且分离效率高，具有占地面积小、适用范围广、处理效率高等特点。因而，膜处理技术已经成为世界各国重点发展的水处理技术之一。

膜分离技术是 20 世纪 50 年代发展起来的一项技术，1953 年美国 C.E.Reid 建议美国内务部将反渗透研究列入国家计划。20 世纪 70 年代后膜分离技术在各工业领域及科研方面得到大规模应用。水处理方面，膜技术最早主要用于苦咸水淡化和海水除盐。20 世纪 50 年代末出现电渗析，60 年代末 70 年代初，建成膜软化和反渗透等城市给水厂，将总溶解性固体 TDS 为 5 000～35 000 mg/L 的原水处理成符合标准的饮用水。根据 1993 年年底统计，北美采用反渗透生产饮用水的水产量已达到 80 万 m^3/d 以上，其中最大的水厂产量为 14 000 m^3/d。

经历几十年的迅猛发展，膜分离技术已经广泛发展成为重要的物理分离、化学反应、试验研究和工业生产的技术；广泛应用于水处理、化工提纯、化工生产等方面。仅就水处理而言，膜分离技术被用于海水和苦咸水淡化，废水深度处理，废液和废水中有用物质的浓缩回收、制取高纯水等。膜技术不只限于淡化、除盐、软化，人们更加关注的是能否去除因加氯消毒产生的危害健康的消毒副产物 THMs。

膜分离技术中，用隔膜（过滤介质）分离溶液时，使溶质通过膜的方法称为渗析，使溶剂通过膜的方法称为渗透。溶质或溶剂透过膜的推动力是电动势（电渗析）、浓度差（扩散渗析）或压力差（反渗透、超过滤等）。隔膜也就是膜分离中的膜片，是膜分离技术的关键部分，一般是用高分子材料制成的薄膜，具有选择性滤过的作用，种类很多。为适应不同膜技术应用要求，膜片材料和膜组件设计加工的研究一直受到世界各国研究人员和工程技术人员的关注。

本处就膜分离（膜处理）技术在水处理方面工作原理、各种膜分离技术分类及特性、膜处理的特点以及膜分离技术在民用水处理设备方面的应用做简要解释。

5.5.1.1　膜分离的分类及特性

膜分离的核心部件就是膜组件，膜组件的核心是膜材料。根据膜材料的不同，膜可以分为微滤膜、超滤膜、纳滤膜和反渗透膜等。

1. 微滤（microprous filtration）

微滤原理与普通过滤相类似，只是过滤孔径更加细致、均匀，微滤的过滤孔径为 0.01～5 μm。微滤过程的压力要求低，可采用 0.01～0.3 MPa 的压力进行微滤处理。微滤的主要作用是去除微粒和细粒物质，不能充分去除微生物和异味杂质等。

对于饮用水处理方面，微滤主要用于对水中的沙粒等悬浮物质的去除。采用微滤为核心过滤组件的水处理器可以直接利用市政自来水网提供的压力实现过滤，不需要再提供额外的压力。因而微滤净水器体积小巧，且一般不用电。但微滤处理并不能去除病毒、有机物，不能去除水中的溶解性杂质，更不能去除消毒副产物。因此微滤多用于其他膜处理或其他处理的前处理过程，其自身只能适度地改善水的外观，并不能很好地在分子水平上改善水质。现在已经有利用微滤代替常规砂滤方面的研究，并且有些地方进行了一定规模的试验或小型的生产。比如，美国华盛顿大学 Benjamin 研究小组利用微滤对 Washington 湖水进行过滤试验，已经取得一定的进展。中国江苏南通等地也有小规模生产性试验。

2. 超滤（ultrafiltration）

超滤同样是利用多孔膜筛除机理去除水中杂质的膜分离技术。超滤膜孔径为 1～10 nm，在 0.1～0.5 MPa 的静压差推动下截留各种可溶性大分子，如多糖、蛋白质、酶等相对分子质量大于 500 的大分子及胶体。超滤时膜的孔径大小和膜的表面化学特性等分别发挥着不同的截留作用（图 5-9）。

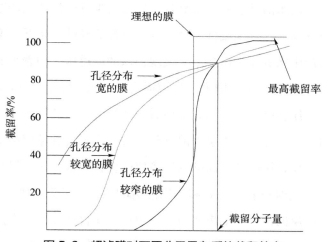

图 5-9　超滤膜对不同分子量杂质的截留效率

超滤膜对有些比膜孔径小的溶质分子也具有明显的分离效果，因为超滤膜对溶质的分离过程为在膜表面及微孔内吸附；在膜表面的机械截留类似筛分中架桥现象。值得一提的是，超滤膜对溶质粒子的截留不仅与分子量有关，而且与分子的形状、可变性以及分子与膜的相互作用等因素有关。当分子量一定时，膜对球形分子的截留率远大于线形分子。

比微滤膜的孔径小，因而超滤膜可以截留部分微生物、截留大颗粒杂质，对大分子物质也有一定的去除效果。但超滤膜同样对小分子杂质、离子无效。

3. 纳滤（nanofiltration membran）

纳滤是一种介于反渗透和超滤之间的压力驱动膜分离过程，纳滤膜的孔径范围为 0.1～2 nm，操作压力为 0.5～3.5 MPa。其主要特点是能截留分子量大于 100 的有机物如单糖、果糖、多聚糖以及多价离子，允许单价离子透过，既可以去除 Ca^{2+}、Mg^{2+} 等形成硬度的二价离子，对去除色度和消毒副产物前驱物等也有一定效果。虽然其去除杂质的能力远不如反渗透强，但由于操作压力的降低而大大降低了能量费用和制水成本。有报道指出，在相同条件下，纳滤与反渗透相比可节能 15% 左右。因此，在咸水淡化、软化方面有广泛的应用。

纳滤系统孔径已经比较小，操作压力较高，膜片容易堵塞，因而与反渗透一样，需要精细的预处理过程，预先去除水中的大颗粒物质、有机物颗粒等。

4. 反渗透（reverse osmosis）

渗透是自然界一种常见的现象。如果用一张只能透过水而不能透过溶质的半透膜将两种不同浓度的水溶液隔开，水会自然地透过半透膜渗透从低浓度水溶液向高浓度水溶液一侧迁移，这一现象称渗透。这一过程的推动力是低浓度溶液中水的化学位与高浓度溶液中水的化学位之差，表现为水的渗透压。随着水的渗透，高浓度水溶液一侧的液面升高，压力增大。当液面升高至 H 时，渗透达到平衡，两侧的压力差就称为渗透压。渗透过程达到平衡后，两侧推动水迁移的压力消失，水不再有渗透，渗透通量为零。人类很早以前就已经自觉或不自觉地使用渗透原理保存食物、分离物质，比如，用高盐、高糖的环境使微生物脱水，用以保存食物，制作腌菜、蜜饯等，只是当时没有认识到和提出渗透的理论。反渗透则是利用渗透原理，对自然渗透现象的反向操作。如果在浓水一边加上比自然渗透压更高的压力，浓水一侧的压力大于自然渗透压，将扭转渗透方向，把浓水中的水压到半透膜的另一边，这一过程就称为反渗透或逆渗透。反渗透必须具备两个条件：一是必须有高选择性和透水性的选择性半透膜，且该膜的机械强度要足够高；二是操作压力必须高于水溶液的渗透压。

反渗透膜的孔径一般比纳滤膜更小，甚至有学者认为反渗透膜没有物理孔径。反渗透的工作压力一般为 1.5～10 MPa。反渗透膜的透过机理还在发展和继续完善中，目前一般认为溶解扩散理论能较好地说明膜透过现象。溶解—扩散机理认为水与溶质透膜的机理是由于水在膜中的溶解，然后在化学位差的推动力下，从膜的一侧向另一侧进行扩散，直至透过膜。另外还有氢键理论、优先吸附—毛细孔流理论等也能对其透过机理进行解释。氢键理论认为，水透过膜是由于水分子和膜的活化点形成氢键及断开氢键的过程，即在高压作用下，溶液中水分子和膜表皮层活化点缔合，原活化点上的结合水解离出来，解离出来的水分子继续和下一个活化点缔合，又解离出下一个结合水。这样，水分子通过一连串的缔合—解离过程，依次从一个活化点转移到下一个活化点，直至离开表皮层，进入、穿过多孔层。优先吸附—毛细管流理论把反渗透膜看作一种微细多孔结构物质，能有选择性吸附水分子而排斥溶质分子的化学特性。当水溶液同膜接触时，膜表面优先吸附水分子，在界面上形成一层不含溶质的纯水分子层，其厚度视界面性质而异，或为单分子层或为多分子层。在外压作用下，界面水层在膜孔内产生毛细管流连续地透过膜。此外，有的学者还提出扩散—细孔流理论、结合水—空穴有序理论以及自由体积理论等。也有人根据反渗透现象是一种膜透过现象，而把它当作非可逆热力学现象来对待。

反渗透膜除盐及分离杂质的特点如下：

（1）电解质比非电解质容易分离。对电解质来说，电荷高的分离性好，例如，去除率大小顺序为 $Al^{3+} > Mg^{2+} > Na^+$、$PO_4^{3-} > SO_4^{2-} > Cl^-$；

（2）无机离子的去除受该离子的水合离子及水合离子半径的影响，水合离子半径越大越容易被去除，如阳离子的去除率大小顺序为 Mg^{2+}、$Ca^{2+} > Li^+ > Na^+ > K^+$，而阴离子为 $F^- > Cl^- > Br^- > NO_3^-$。硝酸盐、高锰酸盐、氰化物、硫氢化物不像氯离子那样容易去除，铵盐的去除效果也没有钠离子好；

（3）对非电解质来说，分子越大越容易去除；

（4）气体容易透过膜，如 RO 膜对氨、氯、二氧化碳、硫化氢、氧气等气体去除率就很低；

（5）对弱酸、有机酸的去除率很低，在有机化合物中，去除率大小：柠檬酸＞酒石酸＞乙酸、乙醛＞乙醇＞胺＞酸。

不同类型膜分离技术常用指标对比见表5-6。

表5-6　不同类型膜分离技术常用指标对比

膜分离	膜孔径/μm	工作压力/MPa	过滤机理	透过物	截留物
微滤	0.01～5	0.01～0.3	颗粒大小形状	水、溶剂溶解物	悬浮物颗粒
超滤	0.5～1.0	0.1～0.5	分子特性大小形状	水、溶剂小分子	胶体和超过截留分子量的分子
纳滤	0.000 1～0.002	0.5～3.5	离子大小及电荷	水、一价离子	有机物、二价以上离子
反渗透	0.000 1～0.002	1.5～10	溶剂的扩散传递	水、溶剂	溶质、盐

5.5.1.2　膜分离技术的特点

1. 膜分离技术的优点

在水处理的应用中，膜分离技术显示出其独特的优点。

首先，膜分离过程不发生相变，能量转化的效率高。例如，目前各种海水淡化方法中反渗透法能耗最低。

其次，膜分离种类多，可选择性强，可以适应多种不同的处理要求。

最后，膜分离装置、操作简单，控制、维修容易，且分离效率高。与其他水处理方法相比，具有占地面积小、适用范围广、处理效率高等特点。

2. 膜分离技术的局限性

以反渗透膜分离为例，说明膜分离技术的局限性。

反渗透作为纯水处理中一种比较经济有效的方法，现在已经被广泛开发、应用。然而，反渗透工艺的缺陷也很明显，因而不能取代常规工艺，只能是精致加工的一种方式。

首先，反渗透需要有细致的预处理工艺，将颗粒物、有机物等控制在一定浓度以下，才可以过RO膜。进水颗粒物含量高，RO膜很容易被颗粒物堵塞，造成通透量下降，产水量下降，甚至造成 RO 膜的物理性损伤。即使进水颗粒物得到有效控制，RO 膜依然非常容易受到损伤。反渗透在高压（1～10 个大气压）下进行，水中溶解性物质的溶解度在 1 atm 和高压下将产生一定程度的变化，尤其在浓水一侧；有些条件可能造成结垢、化学沉淀，对 RO 膜造成伤害。余氯等水中常见的消毒剂，对有些 RO 膜具有损伤作用。微生物可能对膜造成侵蚀。为保证膜处理正常进行，进水中通常要投加阻垢剂、清洗剂、消毒剂等一系列药剂。

其次，反渗透的实质是对污染物的分离、分配，纯水中的杂质被分配到浓水之中，纯水的水质提升是与浓水的水质恶化相为表里的，在考虑了能量损耗和膜组件寿命等因素后，往往浓水的量要远大于纯水，目前一般浓 / 纯水比为（2～5）：1。而浓水至今没有很好的处理方法。反渗透主要作用之一就是用于脱盐，浓盐水的处理一直是水处理的难题。此外，反渗透清洗水中存在阻垢剂、清洗剂、消毒剂等一系列药剂，加重了后续处理的负担。

最后，反渗透纯水对水中大多数杂质、多数离子都能去除。水中有些元素或者杂质对生命活动是相当重要的。根据现有的研究报道，至今仍然无法排除有些元素主要的来源是饮水的可能。反渗透的水是纯净的、无污染的，但不等同于是健康水。因此，长期单纯饮用纯水不一定是合理的选择。

反渗透膜只是膜系列中的一类，上述问题实际上在各类膜中普遍存在，只是不同的膜在一些方面的侧重不同。

在多种水处理技术中，膜分离技术作为目前最具发展前途的技术之一受到世界各国的高度重视。但长期以来，膜分离技术一直被认为是成本高、产量小的技术，其推广和应用也因此受到限制。目前膜分离技术正在寻求解决上述问题的途径，首先是降低成本，反渗透技术商品化以来，所需操作压力明显下降，能量费用随之降低。预计今后在保证产水量的前提下，将继续降低操作压力，使其与其他的净水工艺相比有更大的竞争力；其次是通过膜材料研发，增加产水量；最后是减少浓水排量，寻求浓水及清洗水的处置途径。

5.5.2 民用净水机 / 纯水机

国家和地方各级政府和相关部门对环境保护的重视程度和实施力度都明显提高，人们对水污染知识的普及程度增强，水污染或水媒介导致疾病认识深入人心。

人们比较普遍地存在对饮用水水质的担忧。经济高速发展，人们收入水平和生活水平明显提升，对健康生活品质的需求逐渐旺盛。

水质净化方面的科研开发活动受到多方支持，发展迅猛。众多企业、商家投入大量资金、资源开发净水机系列产品。自来水终端净化技术逐渐成熟，生产能力快速增长，单机成本大幅下降。自来水终端净化机走入家庭成为可能。

这一切都成为重要的原动力，催生、推动了民用净水机市场的形成和发展。这是一个广阔的市场，其深度和广度都有待进一步挖掘，吸引着众多有眼光的投资者、企业家。

5.5.2.1 家用纯水机的分类及特点

家用纯水机有简单的自来水过滤器、净水器；采用超滤膜的称为超滤净水机；也有较复杂的，通过反渗透膜对自来水进行过滤的称为纯水机。净水机按净水技术机理可分为吸附型、膜过滤型、吸附＋膜过滤型3大类型。

1. 吸附型净水器

吸附型净水器利用各种吸附剂吸附水中的有机物、重金属等，使水得以净化。吸附型净水器是家用净水器基本类型的一种。目前，家用吸附型净水器的吸附剂主要是活性炭，也有用硅藻土、沸石、吸附陶瓷、离子交换树脂等。吸附型净水器非常简单，简单到不用电。简单有简单的好处，但是也有不足。那就是吸附剂使用一定时间后会因吸附饱和而失效，并且吸附剂会因吸附杂质、滋生细菌等而受污染。吸附饱和与受污染后很难清洗，只有更换。如不及时更换，不但不能净水，反会污染进水，有些情况下会使水质变得更糟。单纯以吸附为核心技术的吸附型净水器存在制水量小、速度慢、质量不稳定等问题。

2. 膜过滤型净水机

膜过滤型净水机采用膜分离技术除去水中的多种污染物和杂质，主要有反渗透（RO）、微滤、超滤等。通常是由粗滤、精滤、超滤、反渗透等一系列过滤过程构成。国内外市场上膜分离滤芯主要是由有机高分子材料制成的，材质和形式都有很多品种。膜过滤型净水机出水水质一般较为稳定，水质较好，可以去除水中大颗粒杂质、微生物、有机物甚至离子等杂质。但其最大的缺点是膜的污染、淤塞且难以清洗；其次就是反渗透过程耗水量大。

3. 吸附 + 膜过滤型净水机

吸附 + 膜过滤型净水机一般采用吸附和膜过滤相结合技术。如上海某环保科技发展有限公司生产的家用全自动反渗透净水机，采用五级过滤。第一、第三级：聚丙烯滤材，滤除水中的泥沙、悬浮物；第二级：压缩活性炭滤芯，吸附水中的异味、异色、重金属以及一些有机物；第四级：反渗透 RO 膜，滤除水中极细微杂质、细菌等；第五级：活性炭滤芯，再次吸附，提高出水口感。经过五级净化工艺，有效滤除杂质、胶体、铁锈、细菌、病毒、大分子有机物等，净化后的水质清澈，煮沸后无水垢，水质趋近纯水。反渗透出水中有益矿物质和微量元素基本被滤除。

5.5.2.2　纯水机 / 净水机的优势

纯水机的制水过程是一种纯物理的净化过程，它通过将 PP 棉（聚丙烯熔喷）滤芯、活性炭滤芯、超滤膜滤芯和反渗透膜滤芯 4 种类型的滤芯，以各种不同的方式进行组合，再配合增压水泵提供外力，对原水实施逐级过滤、吸附、净化处理，把原水中的水垢、泥沙、铁锈、藻类、异色、异味、余氯、细菌、病毒、重金属、有机物等物质过滤、吸附除去，最终获得纯水。只有原水溶液中的水分子能够通过，其他物质不能通过反渗透膜滤芯，都被过滤留存在了废水溶液中，随着废水溶液被排掉。

（1）解决自来水二次污染

自来水经氯气消毒后，可以杀灭病毒、细菌，但无法去除重金属、挥发性物质等；自来水经管道长途运送后，易发生二次污染，所以人们基本都会选择将其烧开了再喝，但烧开只能解决细菌问题，无法解决泥沙、铁锈、重金属、挥发性物质和细菌"尸体"等问题，而且自来水还会在消毒之后与自来水中有机物产生三卤甲烷，将对身体健康造成严重隐患。纯水机实现了对自来水的深度净化，大多数污染物都得到有效控制，包括部分消毒副产物。

（2）替代桶装水

桶装水一桶为 8～16 元，成本较高，这种水多数是用大型净水器或者纯水机加工的自来水；同时桶装水保质时间短，与饮水机连接使用后处于开放状态，易被空气中的污染物污染；有些桶装水质量得不到保证，因此不是理想的饮用水解决方案。纯水机或者净水机制水现做现用，水质新鲜有保证，在一定程度上避免了桶装水存在的上述问题。

反渗透纯水机的电能消耗也是人们经常讨论的话题，目前，国内反渗透纯水机在制造纯水时，需要增加 $3\sim5\ kg/cm^2$ 的压力。按产水量 8 L/h 家用纯水机计，通常功率为 $25\sim48$ W，耗电约等于普通的白炽灯。

5.5.2.3　纯水机／净水机存在的问题

1. 矿物元素的问题

在肯定反渗透过滤功能、有效去除污染物的同时，反渗透技术被认为会将有利于人体微量元素全部去除。不少专家认为，纯净水不宜长期饮用。有人认为，过量饮用纯净水会导致人体酸碱失衡。医学专家认为长期饮用纯净水会导致人体酸碱不平衡进而引发身体疾病，所以不宜长期大量饮用纯净水。面对这种说法，相关企业和研究部门没有深入研究问题找出真相，没有采用有说服力的做法解决问题。更多的经营者选择避重就轻，采用顾左右而言他的方式和用户兜圈子。不过也有企业对此进行考虑，推出超滤纳滤膜净水机。超滤纳滤膜净水机由多级前置过滤和超滤膜、纳滤膜组成，能截留绝大部分有害细菌、有害物质，是目前世界分离、过滤效果较为理想的直饮水净水装置。其内置的负离子滤芯，能保留对人体有益的矿物质和微量元素；再利用活性炭去除水中的异色、异味，确保过滤后的水更安全；再用后置活性炭，调节水的口感，使水喝起来甘甜可口。此外，其产水量较大，快捷方便，便于家庭厨房使用。但问题的实质依然没变，就是要么牺牲污染截留率，保留部分矿物质，要么牺牲矿物质，维护污染截留率。

有些品牌的厂家对此的反应是，在纯水段加装一些可以缓释溶出矿物元素的配件。通过反渗透膜生产纯净水，靠这些配件补充矿物质。这是一种看似合理的做法。如果要有效补充矿物元素，其前提是知道究竟哪些元素是应该存在于水中的，它们应该以什么形态存在，它们相互之间应该以多大的比例存在，它们的量应该如何选择和控制。不幸的是，这些问题都没有答案。目前的情况是模糊法应对。不知道饮用纯净水会不会真的造成矿物损失，不知道健康饮用水中矿物组成和形态应该是怎么样的，不知道安装的矿物元素缓释配件释放速率，产品已经在销售。

2. 消毒副产物的问题

根据近期研究，发现自来水中含有一定量的消毒副产物。部分可电离的副产物（如卤乙酸等），在反渗透的作用下，去除效果较好。但是对于一些分子态的消毒副产物（如三卤甲烷等），反渗透去除效果不是很好。我们曾经对多种品牌的反渗透纯水机进行检验。试验发现，纯水机处理过的水并不像人们想象的那样，百分之百的安全。研究表明，自来水中含有较高浓度的三卤甲烷，虽然不同地区的水质也不尽相同，但是三卤甲烷含量普遍较高，均在 30 μg/L 以上，甚至有的地区水质更差，三卤甲烷含量能达到 76 μg/L。这已经威胁到了人体的健康，应该给予高度的重视，采取合理措施来降低饮用水的安全风险。同时发现，反渗透纯水机虽然对三卤甲烷有一定的去除作用，但是仍然有一部分三卤甲烷能够透过反渗透膜。三卤甲烷透过率为 28%～76%，并且随着纯水机使用时间的延长，去除效果也会不断下降，所以及时更换过滤元件还是很有必要的。

3. 耗水量的问题

反渗透膜的浓纯比，是一个经久不衰的话题。就反渗透净水机而言，国家标准规定回收率不小于 30%。净水与浓水应不小于 1∶2.3，即每产出 1 L 的净水，其产出的浓水不能超过 2.3 L。目前多数纯水机出水率比较低。通常情况下，1 L 纯水的代价是 3 L 废水或者说是浓水。一些品牌的净水机已经在这方面做出了一些改善，例如，某净水机，可以做到浓纯比 1∶2，回收率高达 70% 以上。其净水机专利 MAX3.0 侧流膜（发明专利），大大提高了膜产水率，提升了净水流道的长度，降低了膜结晶的倾向，提高了膜的寿命。但是即使如此，废水量大，还是一个问题，要做到节水、节能、节约任重道远。2014 年，全国的家用反渗透净水机约达 1 500 万台，商用 500 万台，家用反渗透净水机平均每台每年用水量为 30 t，商用约为 66 t，也就是说，目前每年约有 10 亿 t 尾水被直接排掉，我国很多地区水资源极其紧张，这个数字令人触目惊心。

4. 膜结垢、膜污染

家用净水机无法实现阻垢和膜清洗。膜结垢问题一直是膜过滤的软肋，也是基于膜的作用机理却不能改变的一个"硬伤"，膜结垢加速膜的机械性损伤。膜污染引起膜内部的变化，从而影响到膜的正常工作。膜污染是制约净水机发展的关键因素，减轻膜污染可以延长滤芯使用寿命、降低成本。

5. 异味

国内外普遍使用的家用纯水机一般由主机、压力桶、鹅颈水龙头构成，由于反渗透元件出水量小，要想正常使用纯净水必须先将水储存到压力桶里备用。压力桶里的橡胶内胆在使用过程中可能出现微生物繁殖、亚硝酸盐超标、橡胶异味儿等问题。膜后置活性炭得不到及时更新，容易导致水异味的问题。

6. 使用问题

除部分厂家净水机本身不合格外，消费者教育不充分也是普遍存在的突出问题。净水机使用不当也会造成纯净水中的菌落总数、亚硝酸盐等超标。所以厂家应尽可能在用户使用说明书中写清楚具体使用规范，避免此类问题发生，让用户喝到真正的安全水。消费者应该充分了解净水机的工作原理和保养要求，让其真正发挥作用，提高自身饮用水的安全保障。

净水机替换滤芯的价格和使用时效由厂家自行标示，缺乏行业标准，24%以上的消费者不及时更换滤芯，使家中饮用水水质得不到严格保障。

相信在日常生活中，大家都有经验，在自来水供水管网停水后，再供水时，开始一段时间的水很浑浊，水中含有大量的泥沙、铁锈等。这有两方面的原因：一方面，城市自来水管网系统用了几十年，可能有很多锈蚀、穿孔、破损和渗漏；另一方面，平时吸附在管壁的铁锈、胶体等也会随停、供水的水流冲击而从管壁脱落进入水中。这样就造成初供水时的水很脏。这种水进入纯水机，反渗透纯水机的前置滤芯很快堵塞和失效。出于这种考虑，有人提议在自来水入户水表前（或后）安装前置滤网式过滤器，可以保护家中的各种净水器，还可以保护各种水龙头。这里同时提到关于反渗透前处理更换频率的问题。

5.5.3　矿化、软化和脱盐

5.5.3.1　水的矿化

目前人们对纯净水有一定程度的警惕，认为纯净水中的矿物元素和人体必需的其他元素过少，或许对健康产生不良影响。这种影响在理论上比较极端的情况下或许是成立的，但仍然缺乏足够系统和有说服力的证据。

人体细胞是在有一定浓度杂质的液态环境中生存的，也就是说人体细胞的环境中是存在一定渗透压的。假如饮用纯净水导致体液环境突然被稀释，渗透压在细胞外突然降低，这样对细胞的状态也会出现一定的影响，就是出现异常。人们至今并没有对异常渗透压环境下，细胞的生长、生存状态进行系统、实质性的研究。但是有一点是明确的，就是渗透压的异常波动对细胞是一种考验，或者是一种伤害。曾有一种说法认为非常纯净的水可以让细胞破裂，这算是纯净水对细胞造成伤害的一个极端的例子。如果从这样的意义上讲，纯净水对人体或许是有害的。但是还是缺乏客观实际的证据和案例，目前这方面的认识仅存在理论或者想象中的推测。

进一步分析，人体在饮水的过程中，水质是在不断发生变化的。这些变化不仅包括物理性质，还包括化学、生物性质。也就是说，水质在饮用的过程中发生着一定程度的变化。纯净水的纯度是很难保持的。在制作实验用超纯水的时候，即使经过了反渗透和离子交换床，超纯水（电阻率大于 $18\ \mathrm{M\Omega \cdot cm}$）也只是短暂存在。一旦与空气接触，电阻率立即下降，说明这时的水已经不再是超纯水了。饮用水不可能用超纯水，这样既不经济，也不可能，还不必要。饮用的即使是纯而又纯的超纯水，就是只有水分子的水（这是不可能的，只是我们这里用来做一个极端的例子协助理解问题），水在和人体接触的一瞬间，即被嘴唇、口中的杂质所沾染，不再是纯净水，而是逐渐变成水溶液，其渗透压随之改变。不仅如此，身体对物质吸收、代谢和转化有精妙的调控，足以适应一定程度的水质波动。那么最先接触"超纯水"的那部分上皮细胞会受到伤害吗？或许会，但程度不会很大。人体上皮表面都有一定程度的角化层，这是自然生长形成的一层由角化细胞及其残体构成的保护层。最先接触水的必然是这一层角化层，对内层细胞接触的水起到混杂和缓冲的作用。因而即使是最先接触"超纯水"的那部分皮肤也不会明显受到伤害。从另一个侧面考虑，如果有明显的伤害，人体的感觉系统也会感知到不适。

另一个问题，饮用纯净水能否带走体内的必需元素。从理论上认为，水中的杂质和水周边环境物质之间存在一定的平衡关系。水里的溶解、分散物质与周边环境物质达成平衡的时候，水质是稳定的。这时的水既没有侵蚀倾向，也没有结垢倾向，除非环境因素（pH、温度、压力、磁场、周边物质组分等）发生变化。那么人们很自然会想到，如果饮用含矿物营养素少的纯净水，会不会不仅不能补充营养素，反而把身体中的某些营养素带进水中随汗液、尿液等排泄掉呢？从尿液和汗液的成分分析来看，其中的确有一定量的矿物质、尿素及其他代谢物。这样的疑虑应该是有一定道理的，但仍然缺乏系统、客观的实验证据。

当然饮用纯净水会比自来水、矿化水少含有一些物质，如矿物质等，但其生理健康效果应该并不明显。因为通过饮水进入人体的矿物质数量非常有限，虽然如果矿物微量元素通过饮水途径进入或许更有利于吸收。从流行病实证调查的角度来看，"长期、大量饮用纯净水"这一前提非常难以实现。也就是说这个问题的前提是不存在的，没有谁长期、大量、唯一饮用纯净水，也就没有后续的结论。

水的矿化就是在这种认识的基础上产生的。矿化水的制作方法是先对水进行纯化，去除水中的污染物等杂质，之后让水接触富含某些矿物质的微溶矿物，或者加入某些矿物盐，使水中的矿物质尤其是某些被认为是有益离子达到一定的浓度。这样的水就成为矿化水。常见的矿物质有麦饭石（复合硅铝酸盐矿物）、某些金属硅酸盐等。

矿物质矿化水并不复杂，是依赖矿物的溶解原理。矿化水的功能主要是水中矿物离子的功能所赋予的。

5.5.3.2 水的软化

含有较大量钙、镁等二价以上金属离子（无机矿物质）的水称为硬水；其中钙、镁等二价以上金属离子的浓度称为水的硬度。含有一定硬度的水在使用中会产生结垢、沉淀、消耗洗涤剂等负面作用，因而就有对水进行软化的需求。软化就是消除水中的致硬离子的处理过程。软化水的方法通常有加热法、加药法、离子交换法和膜处理法等。软化水更适用洗浴和洗涤，以及锅炉用水等场合。

膜处理软化法主要有纳滤膜和反渗透膜。

纳滤膜（NF）及反渗透膜（RO）均可以拦截水中的钙、镁离子，从而从根本上降低水的硬度。这种方法的特点是，效果明显而稳定，处理后的水适用范围广；但是对进水压力有较高要求，设备投资、运行成本都较高。一般较少用于专门的软化处理。

5.5.3.3 脱盐

对于含盐溶液，由于其溶解度的不同，其从溶液中结晶析出有两种方案：一是对于溶解度随温度不大的物系，一般采用蒸发溶剂的方法；二是溶解度随温度变化较大的物系，一般采用冷却溶液的方法。

水处理中的脱盐主要有两个方面：一方面是盐水淡化，如海水淡化；另一方面是将所含易于除去的强电解质除去或减少到一定程度的水，剩余含盐量应在一定范围（如 1～5 mg/L）内。含盐废水的处理主要考虑高盐度对污水处理系统的冲击或影响，以及资源回收等内容，不在此讨论。

脱盐的方法主要有以下 3 种：

（1）蒸馏法，使含盐的水加热蒸发，将蒸气冷凝即得脱盐水；

（2）膜处理脱盐，包括两种类型。其一为电渗析法，借离子交换膜对离子的选择透过性，在外加电场作用下，使两种离子交换膜之间的水中的阳、阴离子，分别通过交换膜向阴、阳两极集中。于是膜间区成为淡水区，膜外为浓水区。从淡水区引出的水即为脱盐水；其二为反渗透 / 纳滤处理。反渗透可以大比例去除水中的盐类，实现脱盐。

（3）离子交换法，使含盐的水通过装有离子交换剂的交换柱，矿物盐离子留在交换柱上，滤过的水为脱盐水。如果选择适当的阴、阳离子混床做离子交换脱盐，可以制取完全脱盐的水（去离子水）。超纯水就是利用这一原理完成最后一步水纯化过程的。

5.5.4　热处理

对水进行加热处理，将对水质产生重要的影响。热处理广泛用于饮用水、食品加工用水、锅炉用水等方面。

由本书第 2 章所述，温度对水质存在多方面影响，因而热处理的作用不容忽视。

水在不同温度下，分子间缔合情况将发生相应的变化。由于氢键形成的分子间作用不够稳固，温度升高导致水分子缔合体系变小，也就是能形成所谓的"小分子水"。水分子间缔合程度的变化对水中某些杂质的溶解度和反应性能都可能产生影响。

水温不同，水的 pH 会发生相应的变化。弱酸弱碱的 pH 对温度变化相对差异明显。天然水中碳酸盐体系是主要的缓冲体系，因而受到温度的影响较大，应重视热处理导致的 pH 体系变化对水质的复杂影响。

不同温度的水中矿物质以及其他溶质的溶解能力和沉淀特性将发生复杂的变化。比如，据此原理可利用加热对水中暂时硬度的部分去除等。这种溶解能力的差异体现了水的侵蚀性和水中某些物质的沉积性，可能影响体液渗透压，从而可能对人体产生相应的影响。这种变化通常小到不易察觉，但其长期作用对人体健康的影响不容忽视。

　　水温对其中的微生物影响大，温度对水中微生物及其代谢物的控制尤为重要。微生物尤其是致病微生物适宜的温度范围为 5～55℃。一般而言，水生生物对温度变化的反应比陆生动物敏感，耐受性差。水温高于 70℃，大多数致病微生物不能存活，因而加热煮沸是日常饮用水消毒的重要方式。

6　水处理技术评价和筛选

6.1　水处理技术评价

6.1.1　水处理技术评价的必要性

水污染和水质改善被广泛关注。环境标准和水质要求逐渐明晰、逐步提升；原水水质及环境条件不同，污水处理技术种类繁多；水处理设施投资大，相关部门试错成本高。这些都催生对水处理技术、设施与设备的科学评估体系的迫切需求。

水处理技术、设施与设备的评估体系的建立将为当前多种技术比对提供客观依据，规范水处理技术与设施设备的市场化选择、运行，健全和规范我国水处理市场和秩序，促进高效率、低成本、低能耗、易维护水处理技术的推广应用，是我国当前水处理行业发展中亟须解决的关键问题。

水处理技术、设施与设备的科学评估涉及内容非常复杂，包括原水水质、出水要求、处理规模、核心技术、上下游匹配、药剂、材质、结构、成本等。

目前，国内外报道中水处理研究或工程环境背景、原水水质、出水要求、规模、计算口径等差异大；污水处理设施与设备没有统一和系统的评价标准，相关检验手段与标准的缺乏；水处理技术、设施与设备评估难度大。面对眼花缭乱的水处理技术，经常见到的场景是技术提供方讲得天花乱坠；用户企业一头雾水、无所适从。由于相关检验手段与标准的缺乏，部分技术提供方可能采取夸大设备、设施性能，构建过程偷工减料、材料以次充好等不合理竞争手段谋求高额利润，严重侵蚀正常技术提供方的生存空间。除关注设备、设施本身性能外，还需要对相关气候、地理及经济因素进行综合考虑。此外，材质、制作、成本、稳定性、适应性等方面都需要界定，以保证设备、设施发挥应有功能，正常运行。

常规的依据专家推荐等方法进行工艺比选，多从污染负荷、效率、优缺点等方面做定性的对比，评价对比的内容主要有占地面积、初始构建成本、运行成本、能耗、污泥产量及处理等，具有一定的主观性和局限性，可靠性差。

因而，亟须建立系统、科学、合理、可行的水处理技术相关评估体系。

6.1.2　解决问题的思路和方法

评价方法应该系统设计，从评价标准、评价机制、评价监督、实效演示等方面展开系统、合理的评价。水处理系统应整体设计，从物质流、能量流和信息流的角度协调各环节污染物的形态、构成、降解能力和污染强度等，充分利用工厂污废水处理能力、区域水体自净能力，实现整体效益、成本投入最优化。评估体系应从处理效率、稳定性、安全性和经济性等方面对水处理技术相关内容做出评估。

欧洲、美国、日本等发达国家（地区）的评估过程或值得借鉴。其分散型污水处理设施与设备评估的标准化流程一般顺序：

（1）企业向第三方评估主体提交完整的相关文字材料与设备；

（2）第三方评估主体对文件进行文字技术审查，对设备进行包括材料、污染物去除性能、设备安全等方面的评估工作；

（3）若其中一项及几项未通过相关检测，企业可以进行相关整改，直至最终通过评估；

（4）通过评估后，由第三方评估主体提供测试报告或相关技术文件，证明该类设施与设备具有与试验数据相符合的污染物处理能力；

（5）设备与设施据此可以在一定时限内在市场进行销售与使用。

对于评估认证结果的使用时限，所有相关制度相对成熟的国家均不太长，一般为3~5年，并且统一规定在时限内可以进行不定期抽查。若抽查不合格，则取消该批次设备与设施的合格认证结果。这是为保证上位水环境保护法律的执行效果而对设备生产与使用过程起到的有效监督与管理措施。

6.1.3　污水处理技术评估体系构建步骤

污水处理技术的评估体系构建主要步骤包括影响因素及评估体系的建立，评估依据绩效的量化，不同依据权重的分配。评估体系需要结合实际情况来构建。

（1）影响因素的选择主要从经济、技术、环境、社会4个方面考虑，不同地区的影响因素和评估体系的决策指标未必相同，需结合当地情况选取。

（2）量化过程就是赋值过程。以往的评估量化方法过度依赖于专家评分法，对定性依据的量化不足，定量依据量化的客观性不充分。国外提出的评估依据量化方法包括生命周期评价、有效能评价、社会—生态原则、计算机模拟及能量物质守恒理论等，近期相关研究就集中在融合、改善上述量化方法等方面做探索和推进。

（3）权重的分配主要包括主观赋权法和客观赋权法。主观赋权法主要包括层次分析法、专家评分法、强制评分法等；客观赋权法包括二元对比相对平均法、变异系数法、熵值法、主成分分析法、因子分析法等。

6.2　对比和筛选

水污染控制工艺选择需要结合原水水质、出水水质要求或环境标准、处理规模、处理效率等，还需要对相关气候、地理及经济因素进行综合考虑。

比如，结合原水水质特征可以考虑水的可生化性和污染强度。除去一般概念指代的内容，这里的污染强度更多的是反映有毒有害污染物的污染强度。可生化性低且污染强度高的原水，可选用前置分离＋化学降解的处理框架；可生化性高且污染强度高的，选用前置分离＋厌氧消化＋好氧生化；可生化性低、污染强度低，选择物理化学降解；可生化性高、污染强度低，选择生态治理、湿地等。

这些属于粗线条的框架选择，进一步应该考虑更具体的内容：效率、成本、稳定性、安全性等。

6.2.1　处理效率

水处理系统无论原理是分离还是转化，其处理效率、效能都以单位时间处理达标水量衡量。水处理效率可以从理论推测和实际单位规模验证等方面进行对比和评价。由于水处理存在规模效应，可以规定一定处理流量为标准对照评价流量（如 $1 \text{ m}^3/\text{h}$ 等），对比待测工艺或技术方法对该标准水样（或实际污水样）的处理效率，具体对比指标是典型污染物单位时间去除率、综合污染指数改善率等。在此基础上，推演更大规模和实际规模的处理效能。

6.2.2　处理成本

环境问题源于经济发展，并成为经济发展的限制性条件之一。环境治理技术、工艺、设备、工程的经济分析是相对困难的，至少要考虑经济成本、环境成本，资源回收及利用收益，社会福利、生态价值等多方面。相关的研究至今仍然非常薄弱。在此仅就经济成本、环境成本和资源回收等做简要介绍。

1. 经济成本

（1）建设费用，水处理设施的单位建设费用，包括设备购置费、建筑工程费、安装工程费等。

（2）运行费用，包括设施运行所需的水电费、材料费、维护费和维修费等，并做单位运行费用转化。

（3）占地面积，水处理处理构筑物和辅助构筑物的单位占地面积。

2. 规模标准化的假设

针对处理技术和工艺基本设置，以单位处理规模核算处理设施构建成本；结合运行条件和标准评价中的运行参数，核算运行成本。

水处理成本是和水质标准密切相关的。根据水处理对污染物控制水平，可以得出类似成本—收益曲线。该曲线反映将某种污染物控制到一定水平所付出的处理成本。污染物的控制水平越高，处理成本越高。因此水环境标准（或水质要求）的提高对水处理成本产生重要影响。

水处理成本的基准因素还包括标准工业药剂、材料、设备的市场价格或基准价格，用电价格等。

结合污泥、废气或降解物转化状况以及副产物危害性，核算附属设施构建和附属防护措施构建和运行成本。

6.2.3　稳定性

稳定性是指水处理工艺、设施与设备维持一定处理效率稳定运行的能力；可以用在一定的污染冲击、环境因子等变化条件下，运行效果的波动大小表示；同时考虑系统和关键设备、配件等维修、维护周期等。

（1）参照具体环境因子，设置典型环境条件，测试水处理技术、工艺效果，完成环境因子评价。在标准水样对比评价基础上，结合污废水及具体原水样，做进一步对比评价，以适应具体水质条件。给予污水一定比例的特征污染物，在既定环境条件下，对比水处理技术、设备等的处理效率的波动性；调整温度、水量等波动参数，对比水处理技术、设备等的处理效率的波动性。

（2）对于水处理系统和关键设备、配件等稳定性对比还可以借鉴欧洲、美国、日本等发达国家（地区）分散型污水设施与设备评估经验。除了考虑到对常规碳、氮、磷等主要污染物质的处理效率，污水设施与设备本身的材料质量与结构安全也应重点评估；要求外形尺寸、进出水连接、可达性及水密性为所有型号设备的必测项目；结构行为的检测则在同一系列中的最大型号设备下进行；而处理效果在最小型号设备下获得数据，以便评估设备在最恶劣条件下的真实性能。

（3）根据上述内容，拟订效能、成本和环境成本或防护成本、稳定性等方面对比要素，分类或加权计算总体技术、工艺评价值，确定评价结果。据此做出水处理技术、设备等的筛选。

这里提出的评价和对比方法，即使无论是在系统上还是在实效性等方面都不一定完善，仍然可以概括出技术、方法中核心要件特征。这样得出的方法或有助于解读和选择水处理技术，希望可以起到抛砖引玉的作用。

参考文献

[1] 汤鸿霄. 用水废水化学基础 [M]. 北京：中国建筑工业出版社，1979.

[2] 王子健. 饮用水安全评价 [M]. 北京：化学工业出版社，2008.

[3] 汤鸿霄. 无机高分子絮凝理论与絮凝剂 [M]. 北京：中国建筑工业出版社，2006.

[4] 刘海龙. 饮用水水质特征及其达成 [M]. 北京：光明日报出版社，2016.

[5] [苏] E·Л·巴宾科夫. 论水的混凝 [M]. 郭连起，译. 北京：中国建筑工业出版社，1981.

[6] 何志谦. 人类营养学 [M]. 北京：人民卫生出版社，1988.

[7] 黄海明，傅忠，肖贤明，等. 氨氮废水处理技术效费分析及研究应用进展 [J]. 化工进展，2009，28(9): 1642-1647.

[8] 齐嵘，周文理，郭雪松，等. 我国农村分散型污水处理设施与设备性能评估体系的建立 [J]. 环境工程学报，2020，14(9): 2310-2317.

[9] 史世强，王培京，胡明，等. 基于层次分析 - 灰色评价法的北京市农村污水处理技术评估 [J]. 环境科学学报，2022(5): 13-21.

[10] 汤鸿霄. 环境纳米污染物与微界面水质过程 [J]. 环境科学学报，2003，23(2): 146-155.

[11] 许葆玖，安鼎年. 给水处理理论与设计 [M]. 北京：中国建筑工业出版社，1992.

[12] 中华人民共和国国家环境保护总局，中国国家质量监督检验检疫总局. GB 3838—2002 地表水环境质量标准 [S]. 北京：中国环境科学出版社，2002.

[13] 中华人民共和国卫生部，中国国家标准化管理委员会. GB 5749—2006 生活饮用水卫生标准 [S]. 北京：中国标准出版社，2007.

[14] 王占生，刘文君，张锡辉. 微污染水源饮用水处理 [M]. 北京：中国建筑工业出版社，2016.

[15] 中国城市供水协会. 城市供水行业 2010 年技术进步发展规划及 2020 年远景目

标 [M]. 北京：中国建筑工业出版社，2005.

［16］Morris J C. Conference summary. In: Water chlorination environmental impact and health effects. Volume 2. Jolley RL, Gorchev H., Hamilton D.H. eds., Ann Arbor Science, Ann Arbor, Michigan, 1978.

［17］Justine Criquet Sebastien Allard，Elisabeth Salhi, Cynthia A Joll, et al. Iodate and Iodo-Trihalomethane Formation during Chlorination of Iodide-Containing Waters: Role of Bromide, Environ[J]. Sci. Technol, 2012(46): 7350-7357.

［18］U.S. Environmental Protection Agency, The Effectiveness of Disinfectant Residuals in the Distribution System, Office of Water (4601M), Office of Ground Water and Drinking Water, Total Coliform Rule Issue Paper.

［19］Chittaranjan Ray, Ravi Jain. Drinking water treatment: Focusing on appropriate Technology and sustainability[M]. Springer, 2011.

［20］Colin Ingram. The drinking water book, Berkeley: Celestial Arts, c2006.

［21］Frederick W. Pontius, Water quality and treatment[M]. 4 Edition. The American Water Work Association. Inc., 1990.